Ein Informationspaket

Nutzung der Windenergie

S. Heier

4., völlig überarbeitete Auflage

Herausgeber

FACHINFORMATIONSZENTRUM
KARLSRUHE
Gesellschaft für wissenschaftlich-technische Information mbH

BINE ist ein Informationsdienst des Fachinformationszentrums Karlsruhe, Gesellschaft für wissenschaftlich-technische Information mbH, für die Themen neue Energietechnologien und Umwelt. BINE wird vom Bundesministerium für Wirtschaft und Technologie (BMWi) gefördert.
Für weitere Fragen steht Ihnen zur Verfügung:

Dr. Franz Meyer
Fachinformationszentrum Karlsruhe, Büro Bonn
Mechenstraße 57, 53129 Bonn, Telefon 02 28/9 23 79-22
Telefax 02 28/9 23 79-29, E-Mail bine@fiz-karlsruhe.de

Die Deutsche Bibliothek – CIP-Einheitsaufnahme

Heier, Siegfried:
Nutzung der Windenergie/S. Heier. Hrsg.: Fachinformationszentrum Karlsruhe, Büro Bonn. – 4. völlig neu überarb. Aufl. – Köln: TÜV-Verl., 2000
(BINE-Informationspaket)
ISBN 3-8249-0520-5

0101 deutsche buecherei

Gedruckt auf chlorfrei gebleichtem Papier.

ISBN 3-8249-0520-5
© by TÜV-Verlag GmbH, Unternehmensgruppe
TÜV Rheinland/Berlin-Brandenburg, Köln 2000

Gesamtherstellung: TÜV-Verlag GmbH, Köln
Printed in Germany 2000

Inhalt

Vorwort 5

1 Stand und Perspektiven der Windenergienutzung 6

2 Windverhältnisse und Anwendungspotential 14
2.1 Standortbestimmung und Energieerträge 16
2.2 Potentiale und Nutzung der Windenergie 19

3 Energie aus dem Wind 24
3.1 Prinzip und Funktion der Energieumwandlung 24
3.2 Anwendung der Windenergie 29

4 Anlagentechnik 32
4.1 Struktur des Wandlersystems 32
4.2 Aufbau und Komponenten von Windkraftanlagen 36
4.2.1 Turbinenrotor (Windrad) 36
4.2.2 Blattverstellung und Sicherheitseinrichtungen 40
4.2.3 Mechanisch-elektrische Energiewandlung
(Getriebe, Generator, Umrichter) 43
4.2.4 Windrichtungsnachführung 49
4.2.5 Turm 49
4.3 Sicherheitssystem und Überwachungseinrichtungen 50
4.3.1 Schutzeinrichtungen 50
4.3.2 Fernüberwachung 51
4.3.3 Fehlerfrüherkennung 51
4.4 Entwicklungstendenzen 52

5 Betrieb und Regelung von Windkraftanlagen 54
5.1 Anforderungen 55
5.2 Betriebsarten 56
5.3 Inselbetrieb von Windkraftanlagen 57
5.3.1 Anlagen ohne Blattverstelleinrichtung 57
5.3.2 Anlagen mit Blattverstelleinrichtung 58
5.3.3 Anlagen mit Verbrauchersteuerung 60
5.4 Netzbetrieb von Windkraftanlagen 60
5.4.1 Anlagen mit konstanter Drehzahl 60
5.4.2 Drehzahlvariable Anlagen 63

6	**Netzintegration und Verbund von Windkraftanlagen**	67
6.1	Netzeinwirkungen und Abhilfemaßnahmen	67
6.1.1	Leistungs- und Spannungsschwankungen, Flickereffekte, Leistungsbegrenzung sowie Spannungsregelung	69
6.1.2	Oberschwingungen und Netzresonanzen	70
6.2	Verbund von Windenergieanlagen	71
7	**Betriebserfahrungen und Entwicklungstendenzen**	74
7.1	Kleine Anlagen im Netz-, Insel- und Hybridbetrieb	74
7.2	Mittelgroße und große Anlagen im Netzbetrieb	74
7.3	Breitentestprogramm	76
8	**Wirtschaftlichkeitsbetrachtungen**	81
8.1	Annuitätenmethode	83
8.2	Kapitalwertmethode	85
9	**Rechtliche Aspekte und Errichtung von Windkraftanlagen**	86
9.1	Energiewirtschafts- und Stromeinspeisungsgesetz	87
9.2	Immissionsschutz	87
9.3	Natur- und Landschaftsschutz	87
9.4	Baurecht	88
9.5	Vorgehensweise bei der Planung und Errichtung von Windkraftanlagen	90
10	**Zitierte Literatur**	91
11	**Laufende und abgeschlossene Forschungsvorhaben des Bundesministeriums für Wirtschaft und Technologie**	100
11.1	Laufende und kürzlich abgeschlossene Forschungsvorhaben	100
11.2	Forschungsberichte und abgeschlossene Vorhaben	102
12	**Weiterführende Literatur**	105
12.1	Allgemeine Literatur	105
12.2	Marktübersichten	111
12.3	Hinweise auf Datenbanken	112
12.4	Veröffentlichungen des Informationsdienstes BINE	112
13	**Autorenangaben**	114

Vorwort

Langfristige Pläne zur Sicherung der Energieversorgung zeichnen sich besonders durch eine breit angelegte Basis an nutzbaren Energiequellen aus. Dabei müssen in absehbarer Zeit auch erneuerbare Energien an Gewicht gewinnen. Aufgrund der vorhandenen natürlichen Potentiale vermag die Windenergie weltweit einen nennenswerten Anteil beizusteuern. Voraussetzung dafür ist allerdings die Einbindung des schwankenden Leistungsangebotes der Luftbewegung in bestehende Versorgungsstrukturen und die Lösung der teilweise noch anstehenden technischen und rechtlichen Probleme.

Beim Ausbau der Windenergienutzung ist langfristig sowohl zur besseren Verwertung des Standortpotentials als auch aus optischen Gründen dem Einsatz von Großwindenergieanlagen gegenüber kleinen und mittelgroßen Konvertern der Vorzug zu geben.

Die Entwicklung von Windenergieanlagen in der Bundesrepublik Deutschland und im Ausland führte – ausgehend von Anlagen der 50-kW-Klasse – teilweise zu serienreifen Konvertern der 1.500-kW- bis 2.000-kW-Leistungsgröße, die überwiegend von mittelständischen Unternehmen produziert werden. Bei der Weiterentwicklung dieser mittelgroßen Windkraftanlagen werden vorwiegend erfolgversprechende Konzepte und Innovationen der mittleren Anlagen auf größere Einheiten übertragen. Seit 1991 hat die Windenergienutzung einen enormen Aufschwung genommen. Dieser wurde eingeleitet durch die Förderprogramme des Bundes und der Länder. Als maßgebliche Stütze für diesen Boom hat sich das neue Stromeinspeisegesetz für Energie aus erneuerbaren Quellen herausgestellt. Erfahrungen aus dem „250-MW-Wind"-Programm des Bundesministers für Wirtschaft (früher Forschung und Technologie) lassen Aufschlüsse über erfolgreiche Entwicklungslinien erkennen. Um nennenswerte Windenergiepotentiale zu erreichen, sind Serienanlagen mit hoher Verfügbarkeit erforderlich. Diese liegt momentan bei etwa 99 %. Darüber hinaus kann durch geeignete energiepolitische Rahmenbedingungen ein dazu notwendiger Absatzmarkt geschaffen werden. 1999 sind etwa 4.500 MW Windkraftanlagenleistung installiert. Bis zum Jahr 2005 lassen sich in Deutschland – bei Fortsetzung der momentan sich abzeichnenden Entwicklung – mit ca. 8.000 MW installierten Windkraftanlagenleistung etwa 3 bis 4 % der elektrisch verbrauchten Energie erzeugen.

Fachinformationszentrum Karlsruhe GmbH
Gesellschaft für wissenschaftlich-technische Information
Informationsdienst BINE

1 Stand und Perspektiven der Windenergienutzung

Die Anfänge der Windenergienutzung liegen bereits mehr als 3.000 Jahre zurück. Technisch ausgereifte Windmühlen (Abb. 1) fanden in Europa seit dem Mittelalter bis in das letzte Jahrhundert mit einigen hunderttausend Anlagen weite Verbreitung. Besonders in den USA wurden seit dem 19. Jahrhundert vielblättrige Windräder als Stahlkonstruktionen ausgeführt. Diese werden hauptsächlich zum Pumpen von Wasser eingesetzt. Mit dem Bau von ca. 6 Millionen „Westernrädern" (Abb. 2) konnte ein enormes wirtschaftliches Potential erreicht werden.

Erst nach dem Erlangen von Kenntnissen über die Aerodynamik zu Beginn dieses Jahrhunderts wurde es möglich, Konzeptionen mit relativ schnellaufenden Rotoren und z. T. verstellbaren, aerodynamisch geformten Flügeln zu entwickeln. Damit waren für die Windenergie wesentliche Voraussetzungen für eine Einspeisung elektrischer Energie ins öffentliche Versorgungsnetz gegeben. Als Beispiele sind zu nennen: die Anlage von Smith-Putman in den USA mit einer Leistung von 1250 kW, die als erste große Windturbine von 1942 bis 1945 in Betrieb war, und in der Bundesrepublik Deutschland die 100-kW-Windkraftanlage von Prof. U. Hütter mit einer zukunftsweisenden Flügelkonstruktion aus GFK (Glasfaserkunststoff), die 1959 bis 1968 am Netz arbeitete. Großes Ansehen erlangten Windkraftanlagen von Allgaier (Abb. 3) mit 10 m Rotordurchmesser, die seit Anfang der 50er Jahre eingesetzt wurden und z. T. heute noch – nach einem halben Jahrhundert – voll funktionsfähig sind.

Tiefstpreise fossiler Energieträger machten nach den 50er Jahren die Windenergienutzung wirtschaftlich uninteressant. Erst ab 1973 brachten steigende Brennstoffpreise die Windener-

Abb. 1: Holländer-Windmühle

Abb. 2: Amerikanische Windturbine

Abb. 3: Allgaier-Anlage

Abb. 4: Windfarm in Kalifornien (Anlagen der 50/100-kW-Klasse)

Abb. 5: Windfarm in Kalifornien (250-kW-Anlagen)

gie wieder in die Diskussion. Hauptsächlich in den USA, Schweden, Dänemark und der Bundesrepublik wurde versucht, die Entwicklung und den Bau von großen Windenergieanlagen zur Stromerzeugung voranzutreiben. Dazu waren neue Technologien z. B. für Rotorblätter zu entwickeln.

Ein regelrechter Windenergie-Boom setzte Anfang bis Mitte der 80er Jahre in Kalifornien ein. Dieser wurde ausgelöst durch die Umweltprobleme in den Ballungszentren, die sich u. a. in Verbindung mit der Energieversorgung ergaben. Die dazu geschaffenen gesetzlichen Rahmenbedingungen für die bevorzugte Energieeinspeisung aus erneuerbaren Energiequellen führten zu einem enormen Aufschwung der Windenergie. Unter wirtschaftlichen Gesichtspunkten waren damals im Wesentlichen nur Anlagen der 50-kW-Klasse einsetzbar (Abb. 4).

Stand und Perspektiven der Windenergienutzung

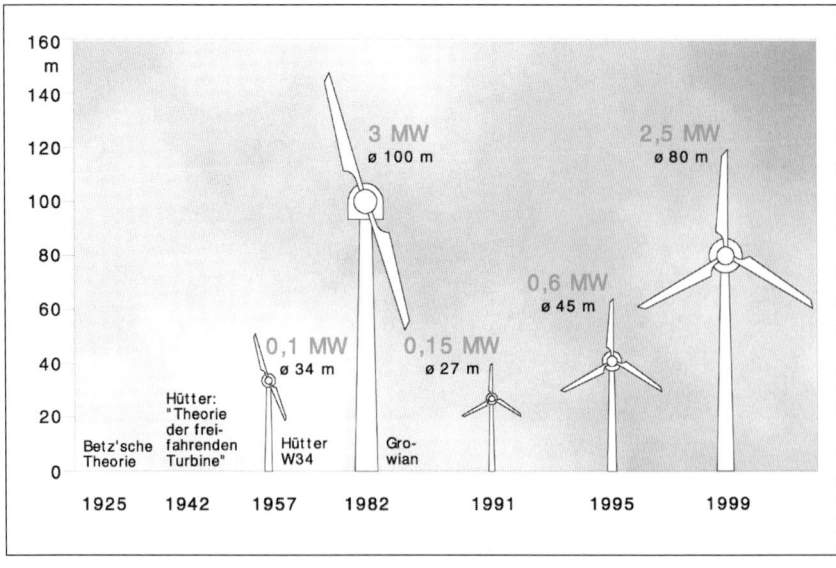

Abb. 6: Etappen der Windkraftanlagenentwicklung (ISET)

a) NTK 150
150 kW

b) NTK 300
300 kW

c) NTK 500/600
500/600 kW

d) NTK 1500
1.500 kW

Abb. 7: Größenentwicklung unter Beibehaltung der Konzeption (drehzahlstarre Anlagen ohne Blattverstellung, NEG Micon/Nordtank)

Ihre Weiterentwicklung zu seriengefertigten Einheiten größerer Leistung (Abb. 5) und höherer Verfügbarkeit nahm eine stürmische Entwicklung. Für den neu geschaffenen Absatzmarkt kam es jedoch durch gesetzliche Änderungen bereits Mitte der 80er Jahre zu einem starken Einbruch. In der Zwischenzeit hat sich der Markt stabilisiert. Mit einem neuen Boom im mittleren Westen der Vereinigten Staaten von Amerika wird in den nächsten Jahren gerechnet.

a) N 29	b) N 43	c) N 62	d) N 80
(250 kW)	(600 kW)	(1.300 kW)	(2.500 kW)

Abb. 8: Größenentwicklung von drehzahlstarren Anlagen ohne Blattverstellung (a, b, c) zur blattwinkelgeregelten MW-Anlage mit Drehzahlvariabilität (d) (Nordex)

a) V 17	b) V27	c) V44	d) V66
(55 kW)	(225 kW)	(600 kW)	(1.650 kW)

Abb. 9: Entwicklung von kleinen, drehzahlstarren Anlagen ohne Blattverstellung (a) zu größeren Einheiten mit Blattverstellung (b, c, d) und Drehzahlelastizität (c, d) (Vestas)

Ab Mitte der 80er Jahre wurde hauptsächlich in Dänemark, den Niederlanden und Deutschland begonnen, die Windenergie zur Netzeinspeisung stärker zu nutzen. Parallel zur Großanlagenentwicklung wurden Anlagen der 10- bis 50-kW-Klasse konzipiert und gebaut. Ihre Hochskalierung hat über 80 bis 150 kW, 200 bis 300 kW, 500 bis 600 kW zu den Megawatt-Anlagen geführt. Wichtige Stationen der Entwicklung sind in Abb. 6 dargestellt. Abb. 7 zeigt drehzahlstarre Anlagen ohne Blattverstellung, die von der 150-kW- bis zur 1,5-MW-Größe in ihrer Konzeption mit drehzahlstarrem Triebstrang und Stallregelung gleichge-

a) E 15/16 (55 kW)   b) E 17/18 (80 kW)   c) E 32/33 (300 kW)

 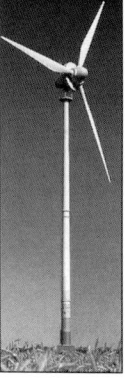 

d) E 30 (200 kW)   e) E 40 (500 kW)   f) E 66 (1.500 kW)

Abb. 10: Enercon-Entwicklung von drehzahlvariablen Getriebeversionen mit Thyristorwechselrichter (a, b, c) zu getriebelosen Anlagenkonfigurationen mit Pulswechselrichter (d, e, f)

blieben sind. Eine ähnliche Entwicklung ist in Abb. 8 bis zu den 1,3-MW-Systemen zu erkennen. Erst die 2,5-MW-Anlage weist Blattwinkelregelung und Drehzahlvariabilität auf. Die Konfigurationen nach Abb. 9 sind hingegen ab der 200-kW-Klasse von der Blattwinkelregelung und ab 600 kW Größe von Drehzahlelastizität geprägt.

Eine neue Entwicklung zeichnet sich seit Beginn der 90er Jahre mit der Tendenz zu getriebelosen Windkraftanlagen ab. Im Bereich hochtouriger Turbinen mit horizontaler oder vertikaler Achse wurden bereits mehrere Versuche unternommen, Systeme mit direktangetriebenen Generatoren am Markt einzuführen und zu etablieren. Dies ist bis heute nur zum Teil gelungen. Insbesondere Vertikalachsenrotoren konnten sich nicht auf breiter Basis im Windkraftanlagenmarkt etablieren.

Mit der Horizontalachsenturbine Enercon E 40 konnte sich erstmals ein System mit direktangetriebenem Synchrongenerator der 500-kW-Klasse innerhalb kürzester Zeit sehr erfolgreich am Markt etablieren. Die getriebelosen Varianten E 30, E 40 und E 66 von Enercon sind aus einer Anlagenentwicklung von den stallgeregelten Getriebeversionen E 15/E 16 sowie E 17/E 18 über die blatteinstellwinkelgeregelte Turbine E 32/E 33 her-

Abb. 11: Nordfriesland Windpark (12,5 MW) mit 50 gleichen Anlagen (HSW 250, Husumer Schiffswerft)

Abb. 12: Windpark mit Windkraftanlagen unterschiedlicher Größe und Bauart

vorgegangen (Abb. 10). Parallel dazu wurde mit geringfügiger Zeitverzögerung der Übergang vom Thyristor- zum Pulsumrichter vollzogen. Somit lassen sich bei dieser Konfiguration die Vorteile einer Triebstrangentlastung durch Drehzahlelastizität mit weitgehend rückwirkungsfreier Netzeinspeisung vereinen. Im Verhältnis zu den elektrisch erregten Synchrongeneratoren von Enercon ermöglichen permanenterregte Maschinen von Genesys wesentlich kompaktere Maschinenhausausführungen (Abb. 43).

Große Windparkprojekte werden sowohl mit gleichen Anlagen (Abb. 11) als auch mit verschiedenen Turbinenvarianten und -größen (Abb. 12) realisiert.

Momentan sind weltweit Windkraftanlagen mit einer Gesamtleistung von ca. 13.000 MW in Betrieb. Etwa 2.500 MW entfallen auf die USA, 9.000 MW auf Europa

Stand und Perspektiven der Windenergienutzung

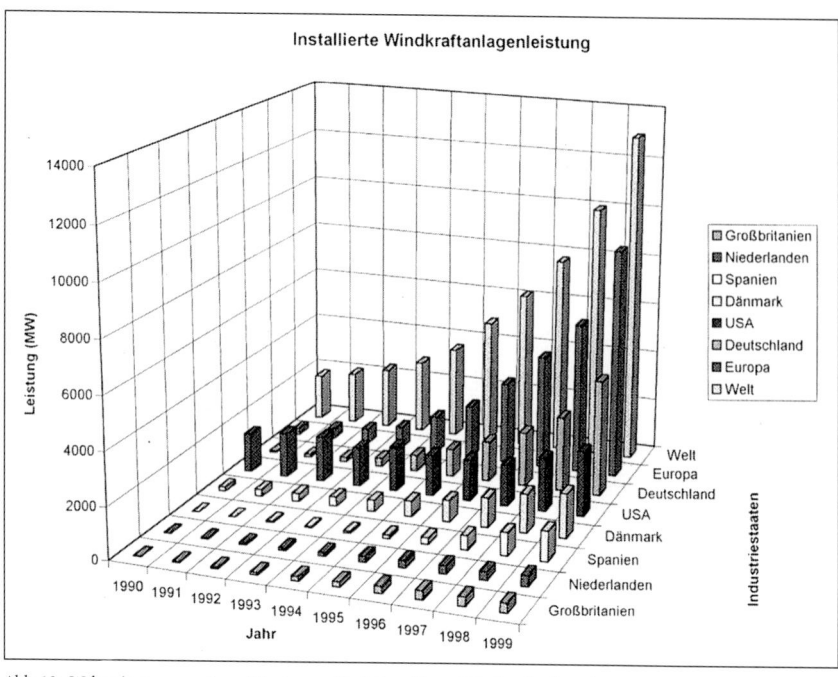

Abb. 13: Weltweit, europaweit und länderspezifisch installierte Windkraftanlagenleistung

und davon die Hälfte auf Deutschland. Dänemark hat mit etwa 6.000 Windkraftanlagen mehr als 1.700 MW Windleistung installiert. Mit über 50 % weltweitem Marktanteil ist es allerdings absoluter Marktführer. In Deutschland setzte ab 1991 eine rasante Entwicklung in der Windenergietechnik ein. Diese wurde ausgelöst durch Förderprogramme des Bundes und der Länder sowie in Verbindung mit der damals neu geregelten Einspeisevergütung von Strom aus erneuerbaren Energien. Momentan sind in Deutschland ca. 7.000 Anlagen mit etwa 4.500 MW aufgebaut. Pro Jahr kommen zur Zeit ungefähr 700 bis 1.500 MW neu hinzu. In Spanien sind etwa 1.150 MW, in den Niederlanden 400 MW und in Großbritannien ca. 350 MW Windanlagenleistung an das Netz angeschlossen (Abb. 13). Dabei hat sich gezeigt, dass Länder, bei denen eine Mindestvergütung des eingespeisten Stromes gesetzlich geregelt ist (Deutschland, Dänemark, Spanien), deutlich höhere Zuwachsraten aufweisen als solche mit Quotenregelung (Großbritannien, Frankreich).

In Deutschland wurden im Jahr 1999 durch mehr als 6.000 Mio. kWh erzeugten Windstrom der Biosphäre über 6.000.000 Tonnen Kohlendioxid erspart. Bei konventioneller Stromerzeugung wären etwa 10 Mio. Bäume erforderlich, um die dabei anfallende CO_2-Menge zu binden. Der wirtschaftliche Einsatz und die vorhandenen bzw. erreichbaren Windenergiepotentiale rechtfertigen – insbesondere auch im Hinblick auf die notwendige Reduktion von Umweltbelastungen – einen forcierten Ausbau der Windenergienutzung. Dabei wird in Zukunft auch einer Anlageninstallation im Meer (off-shore) große Bedeutung zukommen.

Eine langfristige Energieversorgung lässt sich nur sicherstellen, falls erneuerbare Energiequellen mit umweltfreundlichen Wandlungsverfahren verstärkt zur Anwendung kommen und wesentliche Versorgungsbeiträge liefern werden. Neben der Wasserkraft gewinnen vor diesem Hintergrund Anlagen zur Nutzung der Windenergie auch aus wirtschaftlicher Sicht einen besonderen Stellenwert [1, 2]. Beim Ausbau der Windenergienutzung ist dem Einsatz von Großwindenergieanlagen der Vorzug zu geben [3, 4]. Mit diesen lässt sich die begrenzte Anzahl an geeigneten Standorten effektiver und weniger landschaftsbelastend nutzen als mit kleinen und mittelgroßen Anlagen. Dabei gilt es, den hohen technischen Standard mittelgroßer Anlagen mit einer Verfügbarkeit von mehr als 98 % auf Anlagen der Megawatt-Klasse zu übertragen. Insbesondere im Offshore-Bereich werden auch aufgrund der hohen Kosten für Fundament, Netzanschluss, Wartung und Reparatur nur Großanlagen mit hoher Betriebssicherheit und innovativen Überwachungssystemen zum Einsatz kommen.

In windreichen Gebieten sind meist nur schwache Netze verfügbar. Um die Windenergie in wünschenswertem Umfang nutzen zu können, muss das Elektrizitätsnetz in seiner Kapazität voll ausgenutzt und z.T. auch ausgebaut werden. Im Rahmen von Erweiterungen lassen sich veraltete Netz- und Anlagenbereiche ersetzen, zukunftsorientierte Erzeuger- und Verbraucherkonfigurationen aufbauen und Möglichkeiten zur Netzführung nutzen.

Um hohe Windstromanteile in Versorgungsnetze integrieren zu können, müssen bereits vor der Ausbauphase die Auswirkungen auf parallel arbeitende Kraftwerke bedacht werden. Dazu sind mit Blick auf hohe regenerativ einspeisende Anteile Maßnahmen zur Sicherstellung der Stromversorgung in Deutschland und im europäischen Verbund zu unternehmen und auf dezentrale Versorgungsstrukturen zugeschnittene Regelungs- und Leittechniken zu entwickeln (s. Kap. 4.3.2, 4.3.3, 6.1).

Neben den positiven Umwelteffekten lassen sich durch eine großtechnische Windenergienutzung auch arbeitsmarktpolitische Auswirkungen erwarten. Diese Technik erfordert beim Anlagenbetrieb ein höheres Beschäftigungspotential als der Einsatz konventioneller elektrischer Energie [5]. Momentan entfallen auf die Windenergienutzung weltweit über 60 Tausend Arbeitsplätze [6]. Bis zum Jahr 2020 wird damit gerechnet, dass durch die Herstellung und Montage von Windkraftanlagen mehr als 1,7 Millionen Arbeitsplätze geschaffen werden. Somit lassen sich durch den Ausbau der Windenergie auf dem deutschen und internationalen Arbeitsmarkt nennenswerte Entlastungen erwarten.

2 Windverhältnisse und Anwendungspotential

Die Erde ist von einer Lufthülle (Atmosphäre) umgeben, in der verschiedene physikalische Vorgänge das Wetter beeinflussen. Insbesondere durch Erwärmungsunterschiede wird die Lufthülle in Bewegung gehalten. Entscheidenden Einfluss auf die örtliche Windgeschwindigkeit hat die Rauhigkeit der Erdoberfläche. Wassernähe und glatte Landflächen lassen für die Windenergienutzung günstige Verhältnisse erwarten. Baumbewuchs, Gebäude und Landschaftserhebungen beeinträchtigen dagegen die Luftströmung.

Der Nord-Süd-Schnitt durch die Bundesrepublik Deutschland in Abb. 14 zeigt, dass bei zunehmender Entfernung vom Meer eine Verdrängung der großen Windgeschwindigkeiten in höhere Lagen stattfindet. Je nach Rauhigkeit der Umgebung (Wasser-, Acker- oder Grasflächen bzw. Büsche, Bäume, Gebäude) nimmt die Windgeschwindigkeit mit der Höhe über dem Grund unterschiedlich stark zu. Näherungsweise kann die Windgeschwindigkeit v_{10}, die z.B. in 10 m Höhe gemessen wurde, auf die entsprechende Größe v_N in Nabenhöhe h_N umgerechnet werden nach der Beziehung

$$v_N = v_{10} \left(\frac{h_N}{10\ m} \right)^a.$$

Dabei lassen sich mit dem Hellmann-Exponenten $a = 0{,}16$ gute Anhaltswerte für Windgeschwindigkeiten ab etwa 4 m/s erzielen. Bei Windturbinen muss je nach Position der Rotorblätter während einer Umdrehung z.B. oben mit höheren Windgeschwindigkeiten gerechnet werden als im unteren Bereich (Abb. 15).

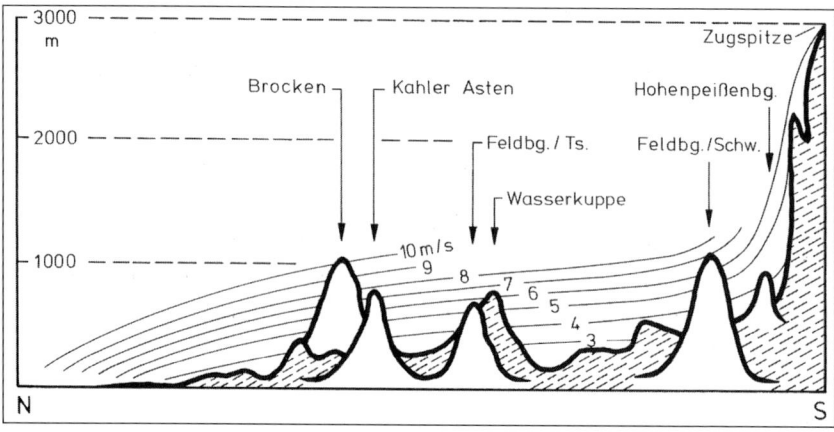

Abb. 14: Linien gleicher Windgeschwindigkeit im Bundesgebiet [7] (Vertikalschnitt: Cuxhaven-Zugspitze)

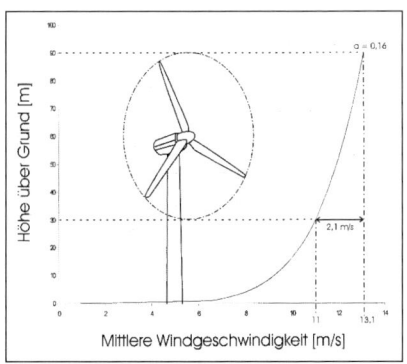

Abb. 15: Höhenprofil der Windgeschwindigkeit

Abb. 16 verdeutlicht die Konzentration günstiger Windverhältnisse in Europa – im Hinblick auf deren Nutzung – im Nord- und Ostsee-Küstenbereich. Regionen am Atlantik (Schottland, Irland, Nordwestspanien, Frankreich) sowie teilweise am bzw. im Mittelmeer (Ostspanien, Südfrankreich, griechische Inseln) erreichen ebenfalls gute Windenergie-Einsatzmöglichkeiten. Auch Hochlagen im Binnenland können ähnliche Verhältnisse bieten (z. B. Nordspanien, Schottland).

Der wirtschaftliche Betrieb von Windenergieanlagen ist ganz entscheidend von den örtlichen Windverhältnissen abhängig. Diese können z. T. erheblich von angegebenen Werten in Windkarten abweichen. Für die Energieertragserwartung sind hauptsächlich statistisch zu ermittelnde Windgeschwindigkeitswerte und deren Häufigkeitsverteilung maßgebend. Die Häufigkeitsverteilung gibt an, wie viel Prozent bzw. Stunden im Jahr jede interessierende Windgeschwindigkeit vorkommt. Darüber hinaus müssen der tages- und jahreszeitliche Verlauf sowie die Höhenabhängigkeit der Windgeschwindigkeiten, die Geländeform, deren Rauhigkeit und die Einflüsse von Hindernissen berücksichtigt werden. Die Böigkeit am Ort, Turbulenzgrad und maximal auftretende Windgeschwindigkeiten stellen hingegen Anforderungen an die Festigkeit der Konstruktionen und an die Regelung der Anlagen.

Zur Windgeschwindigkeitsmessung werden sog. Schalenkreuz-Anemometer als häufigste Bauform verwendet. Flügelrad-, Hitzdraht-Anemometer, Venturidüsen etc. kommen nur in Sonderfällen zum Einsatz. Zur Erfassung der Windgeschwindigkeit und -richtung über größere Zeiträume sind automatische Aufzeichnungsgeräte erforderlich, die eine rechentechnische Auswertung der Daten ermöglichen. Anemometer kosten ca. 250 bis 800 DM. In Verbindung mit der Windrichtungsmessung muss mit etwa 500 bis 1.600 DM gerechnet werden. Windmess- und Auswerteeinheiten sind bereits ab 650 DM zu bekommen. Hochwertige, meist optoelektronische Kombigeber für Windgeschwindigkeit und Richtung, die meteorologische Langzeitmessungen erlauben, sind mit ungefähr 2.500 DM Anschaffungspreis meist teurer. Sie erfüllen allerdings auch die für Gutachten geforderte Genauigkeit und Zuverlässigkeit der Messdaten. Entsprechende Datenerfassungs- und Verarbeitungssysteme (sog. Datenlogger) kosten ca. 1.000 bis 5.000 DM. 10-Meter-Masten werden bereits für 1.000 DM angeboten, während für Messungen in 30 m Höhe Mastkosten von etwa 10.000 DM zu Buche schlagen.

Vor der Errichtung von Windkraftanlagen sind die zu erwartenden Energieerträge möglichst genau vorherzusagen, um die Wirtschaftlichkeit zu bestimmen und das Investitionsrisiko für die Betreiber möglichst gering zu halten. Dazu werden Standortgutachten und Energieprog-

Windverhältnisse und Anwendungspotential

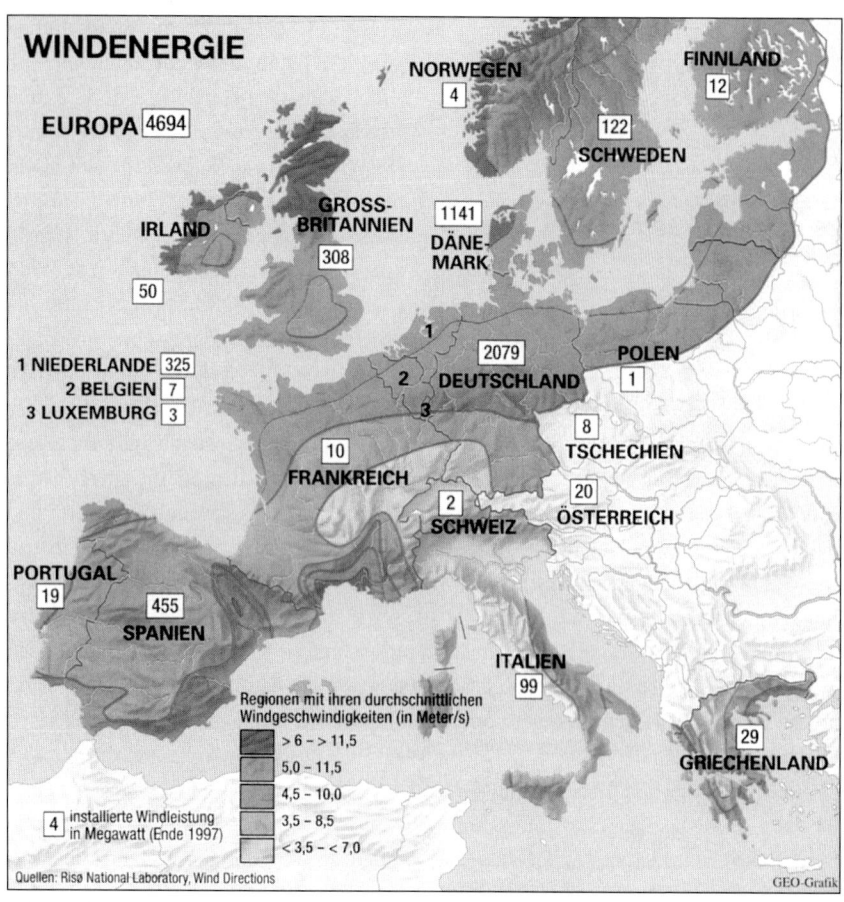

Abb. 16: Jahresmittel der Windgeschwindigkeit in Europa [8]

nosen auf der Grundlage von Messungen bzw. Berechnungen erstellt. Messungen werden aus Kostengründen im Allgemeinen nur bei Großanlagen- oder Windparkprojekten durchgeführt. Standortgutachten auf der Basis von Berechnungen kosten etwa ab 2.000 DM. Beurteilungen auf der Grundlage von Messungen sind mit 15.000 bis 20.000 DM aufgrund der erforderlichen Messzeiträume und der dafür notwendigen Messeinrichtungen wesentlich teurer.

2.1 Standortbestimmung und Energieerträge

Gute Windverhältnisse am geplanten Standort sind die wichtigste Voraussetzung für eine wirtschaftliche Nutzung der Windenergie. Modellrechnungen zur Ermittlung des lokalen Windpotentials und der anlagenspezifischen Energieerträge lassen heute relativ genaue Prog-

Standortbestimmung und Energieerträge

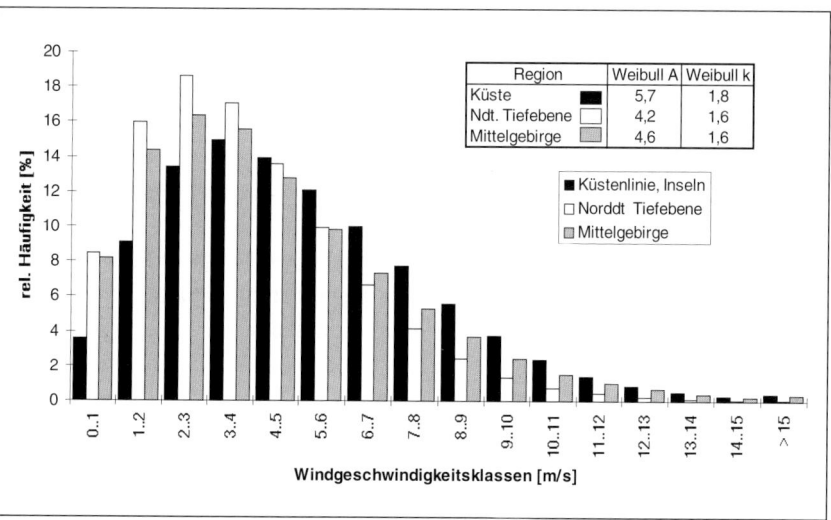

Abb. 17: Häufigkeitsverteilungen der Windgeschwindigkeit an verschiedenen Standortkategorien (ISET)

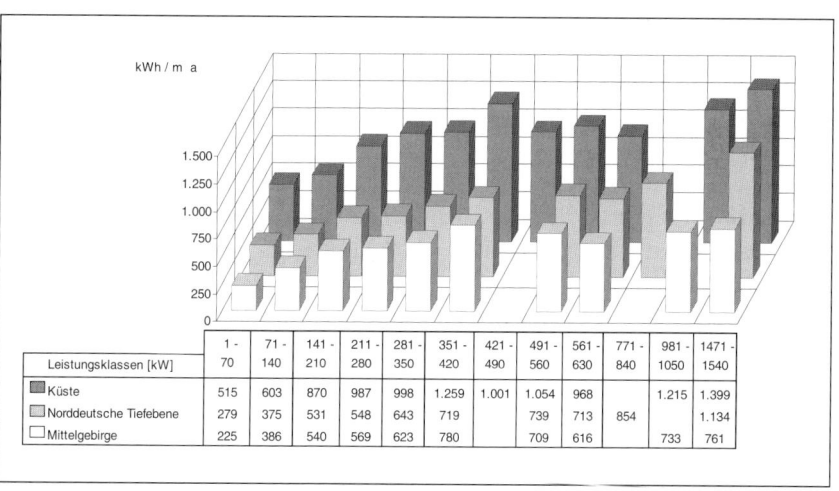

Abb. 18: Spezifischer Jahresenergieertrag für verschiedene Anlagengrößen und Standortregionen (ISET)

nosen zu, allerdings müssen auch die Grenzen ihrer Anwendbarkeit bedacht werden. Für eine Standortbeurteilung ist die genaue Kenntnis der lokalen Windverhältnisse von grundlegender Bedeutung, da die Windkraftanlagenleistung und die Energieerträge der dritten Potenz der Windgeschwindigkeit proportional sind. Neben windklimatologischen Einflussfaktoren wie Geländeverlauf (Orographie), Oberflächenrauhigkeit (Topographie) und Hindernissen in der Nähe des Standortes (mechanische Turbulenzen), bestimmen die Luftdichte, die Temperatur sowie die Sonneneinstrahlung den Verlauf und die Stärke des Windes (thermische Turbulenzen) [9].

Auf Messung der lokalen Windverhältnisse beruhende Energieprognosen liefern die genauesten Ergebnisse. Ein teures und zeitaufwendiges Verfahren ist allerdings notwendig. Um jahreszeitliche Unterschiede zu berücksichtigen, ist mindestens ein Jahr Messdauer erforderlich. Darüber hinaus sind Abweichungen vom langjährigen Mittelwert, dem sog. Normalwindjahr, zu berücksichtigen.

Hauptkomponenten moderner Windmesssysteme sind, wie bereits erwähnt, Messcomputer, Windgeber und Windmessmast, die einen vollautomatischen und wartungsfreien Betrieb erlauben. Voraussetzungen dafür sind ihre wetterfeste Ausführung, interner Blitzschutz und eine leistungsfähige Stromversorgung. Die aus den Messungen erfasste mittlere Windgeschwindigkeit sowie die Häufigkeitsverteilungen von Windgeschwindigkeit und Windrichtung lassen über verschiedene Berechnungsverfahren relativ genaue Energieertragsprognosen für bestimmte Windkraftanlagen erstellen. Im Rahmen von Breitentestuntersuchungen [10] wurden im gesamten Bundesgebiet Messungen an Windkraftanlagen verschiedener Konzeption und Größe durchgeführt. In Windregionen aufgeteilt zeigen Abb. 17 die Häufigkeitsverteilung der Windgeschwindigkeit und Abb. 18 die Jahresenergieerträge pro Quadratmeter Rotorfläche für verschiedene Anlagengrößen [11].

Die Ergebnisse standortspezifischer Auswertungen eines Jahres, die für Betreiber, interessierte Institutionen etc. zur Verfügung stehen, sind für eine 500-kW-Anlage an einem Küsten- (Abb. 19) und einen Binnenlandstandort (Abb. 20) exemplarisch dargestellt. Für die Windgeschwindigkeit sind neben den monatlichen Mittelwerten die Häufigkeitsverteilung und Tagesgänge (Sommer bzw. Winter) sowie rechnerische Größen wie Turbulenzintensität und Weibullparameter dargestellt. Weiterhin sind die monatlichen Energieerträge sowie deren Richtungsverteilung und die so genannte Leistungsdauerlinie angegeben. Diese besagt, dass die Binnenland-Anlage pro Jahr z. B. 500 Stunden mindestens Nennleistung bzw. ca. 2.000 Stunden die Hälfte zu liefern vermag und etwa 7.000 bis 8.000 Stunden in Betrieb ist. Die Leistungsdauerlinie der Anlage am Küstenstandort hat ähnlichen Verlauf, obwohl der Jahresenergieertrag mit 1.552.086 kWh deutlich höher liegt als bei der Binnenlandanlage. Grund dafür ist die wesentlich niedrigere Datenbasis der Küstenanlage (7.119 von 8.760 Stunden im Jahr). Die jährlichen Vollstunden ergeben sich aus der Jahresenergielieferung geteilt durch die Nennleistung der Anlage. Am Küstenstandort werden über 3.100 und im Binnenland ca. 2.500 Vollaststunden erreicht.

Für Standorte, wo nicht auf Messungen zurückgegriffen werden kann, wurden Modellrechnungsverfahren entwickelt, die es erlauben, Windpotentiale mit relativ guter Genauigkeit abzuschätzen. Grundlage der Verfahren stellen ein im dänischen Forschungszentrum Riso im Auftrag der Europäischen Gemeinschaft erstellter „Europäischer Windatlas" und das sog „Wind Atlas Analysis Application Programme (WASP)" dar. Dazu werden von der nächstgele genen Messstation erfasste Winddaten, die auf einem Messzeitraum von 10 Jahren basieren, auf den zu betrachtenden Standort übertragen, wobei windklimatologische Faktoren wie Geländestruktur, Oberflächenbeschaffenheit und Hindernisse Berücksichtigung finden.

Das WASP-Programm wurde für eine Anwendung in Gebieten ohne komplexe Orographie entwickelt. Für Standortanalysen im Küstengebiet lieferte es dementsprechend gesicherte Erkenntnisse über die örtlichen Windverhältnisse. In stark strukturiertem Gelände im Binnenland und Mittelgebirge sind derartige Rechenverfahren jedoch nur eingeschränkt anwendbar.

Aus Messdaten oder berechneten Werten, die im allgemeinen für 10 m bzw. 30 m oder 50 m Höhe ermittelt werden, muss eine Umrechnung auf Nabenhöhe und eine Klassifizierung (Häufigkeitsverteilung) der Größen Windgeschwindigkeit und Windrichtung vorgenommen werden. Zur Berechnung der zu jeder Windgeschwindigkeit gehörenden Leistungswerte müssen das aerodynamische Rotorverhalten, die Auslegung (Generatorleistung) und Arbeitsweise der Anlage sowie die Einflüsse der Regelung und Betriebsführung berücksichtigt werden. Die so ermittelten Leistungswerte ermöglichen in Verbindung mit der Häufigkeit der jeweiligen Windgeschwindigkeit die zugehörigen Energieerträge. Mit diesem Verfahren lassen sich somit auch die Leistungs- bzw. die Energieverfügbarkeit (während eines Jahres) bestimmen.

Neben der Windgeschwindigkeit spielt die Eignung des Geländes für die Windenergienutzung eine entscheidende Rolle. Im Küstengebiet sind Standorte in unmittelbarer Wassernähe zu bevorzugen. Etwa 5 km von der Küstenlinie entfernt installierte Anlagen erreichen nur erheblich geringere Energieerträge als Anlagen, die direkt an der Küste platziert sind. Im Binnenland sind exponierte Lagen von besonderem Interesse. Hochebenen bzw. Höhenzüge, die möglichst unbewaldet sind und aus der am häufigsten vorkommenden Windrichtung (Südwest) frei angeströmt werden, sind bevorzugte Standorte. Dabei sollten in unmittelbarer Nähe keine weiteren Hügel oder Hindernisse liegen. Im Nahbereich von Natur- oder Landschaftsschutzgebieten sowie von Gebäuden oder Ortschaften ist mit Schwierigkeiten bei der Genehmigung zu rechnen. Entfernungen zur Netzanbindung sollten aus Kostengründen möglichst klein gehalten werden. Grundstücksbesitzverhältnisse, Zuwegungsmöglichkeiten und Tragfestigkeit des Baugrundes sind vor Einleitung des Genehmigungsverfahrens zu beachten.

2.2 Potentiale und Nutzung der Windenergie

Bei der Windenergienutzung muss zwischen Standort- und Wirtschaftlichkeitspotentialen unterschieden werden. Erstere berücksichtigen die von der Meteorologie, der Topographie, der Bebauung und der zulässigen Nutzungsart abhängigen Gegebenheiten zur Aufstellung von Windenergieanlagen. Das Wirtschaftlichkeitspotential umfasst hingegen nur diejenigen

Windverhältnisse und Anwendungspotential

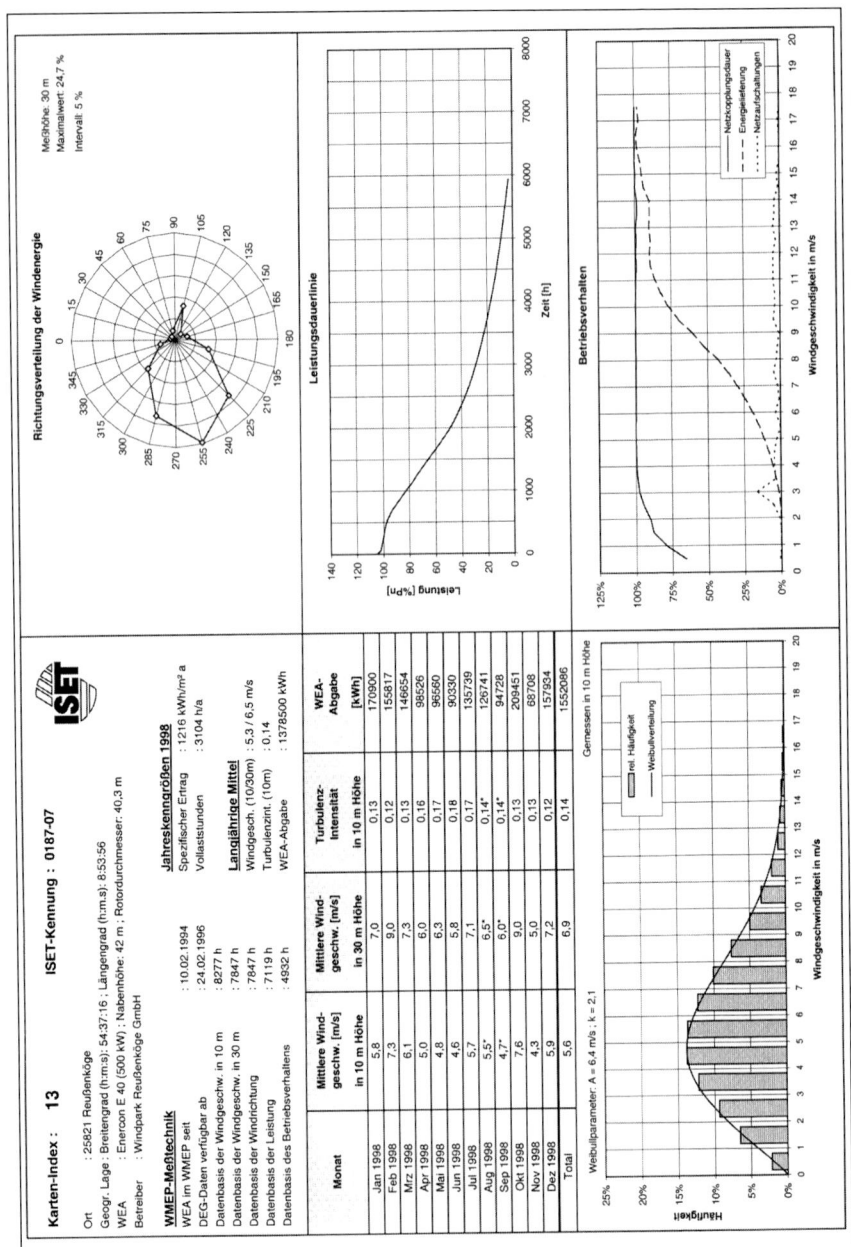

Abb. 19: Einzelergebnisse der Datenauswertung zur Standortcharakterisierung im Breitentestprogramm „250 MW Wind" (ISET) für einen Küstenstandort

Potentiale und Nutzung der Windenergie

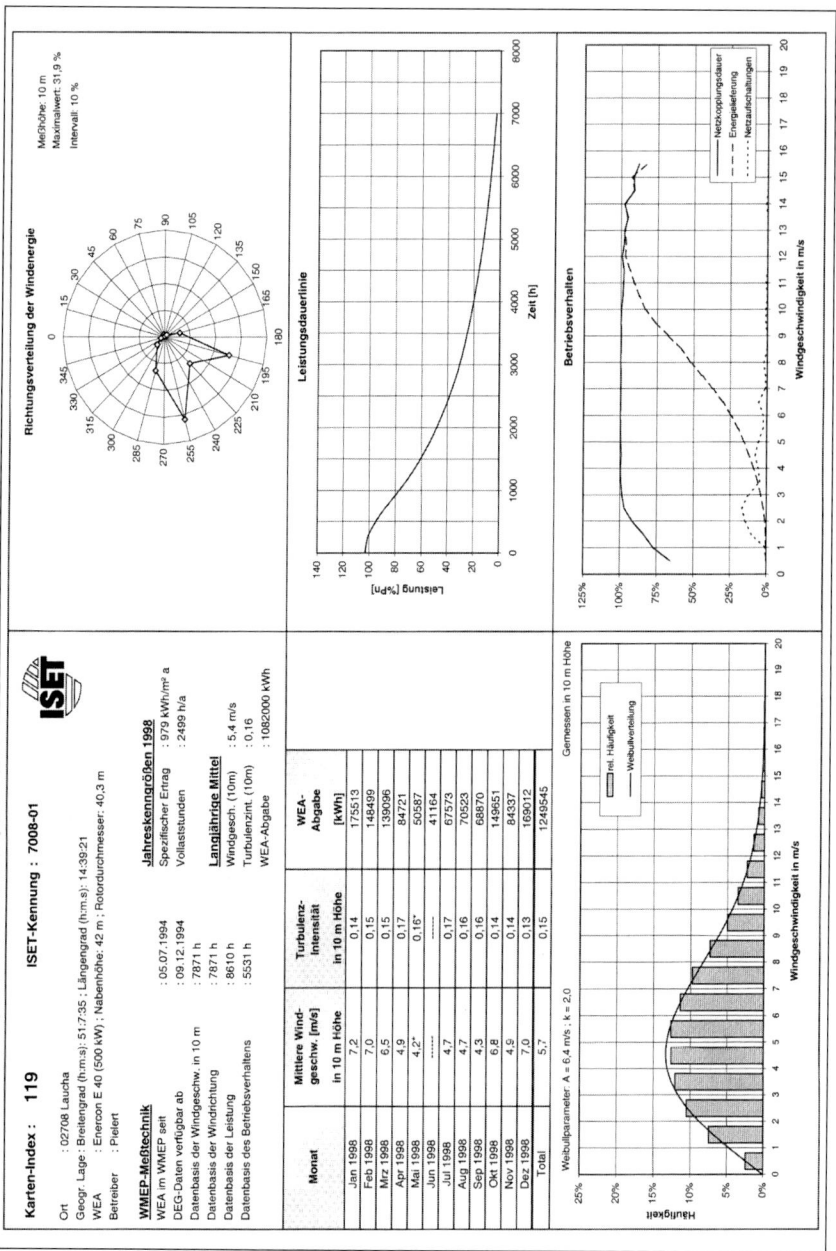

Abb. 20: Einzelergebnisse der Datenauswertung zur Standortcharakterisierung im Breitentestprogramm „250 MW Wind" (ISET) für einen Binnenlandstandort

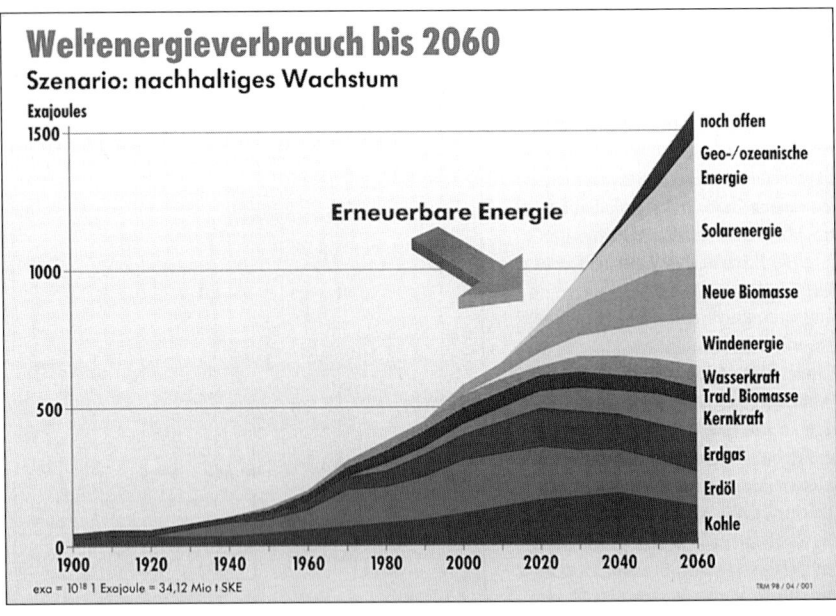

Abb. 21: Weltenergieverbrauch und erwartete Energieträger bis 2060 – Szenario nachhaltiges Wachstum (Shell)

Standorte, die unter den gegebenen energiewirtschaftlichen Randbedingungen einen rentablen Betrieb ermöglichen. Hierbei dominieren in Deutschland die Küstenstandorte.

Zur Stromerzeugung aus Windenergie ist während der letzten beiden Jahrzehnte eine Reihe von Potentialabschätzungen [12 bis 18] durchgeführt worden. Dabei wurden sehr unterschiedliche Ergebnisse gewonnen. Auf Standortanalysen basierende Ausführungen für Niedersachsen [19] und Schleswig-Holstein [20] kamen ebenfalls zu verschiedenen Potentialerwartungen. Ausschlusskriterien spielten dabei eine wesentliche Rolle. Aufgrund der Installationszahlen der letzten Jahre konnten pessimistische Potentialerwartungen bereits jetzt schon weit überschritten werden.

Bisher weitgehend ungenutzte Potentiale im küstennahen Meeresbereich werden zukünftig an Bedeutung gewinnen [21 bis 25]. Die Energieerwartungen im Offshorebereich überschreiten in vielen Ländern europa- und weltweit die Nutzungsmöglichkeiten an Land (on-shore) bei weitem. Um diese auch anwenden zu können, sind allerdings in der Anlagentechnik, Fundamentierung und Netzverbindung grundlegende Vorarbeiten notwendig.

Die Abschätzungen zeigen, dass die Windenergie über erhebliche Ausbaupotentiale verfügt, die einen beträchtlichen Anteil der gegenwärtigen Stromerzeugung in der Bundesrepublik Deutschland ersetzen können [26, 27, 28]. Um nur einen Teil der Potentialwerte in absehbarer Zeit nutzen zu können, müssen die notwendigen Voraussetzungen zur Standortplanung und zum Netzanschluss geschaffen und aufkommende Akzeptanzschwierigkeiten ausgeräumt werden. Schleswig-Holstein und Niedersachsen haben mit ihren Landesprogrammen deutliche Signale gesetzt. In Schleswig-Holstein werden momentan 15 % des Stroms aus Windenergie erzeugt. Bis zum Jahr 2010 wird ein Stromversorgungsbeitrag von 25 % anvisiert. Bundesweit liegt der Windenergiebeitrag zur Stromerzeugung noch im Zweiprozentbereich.

In Dänemark soll der Windenergieanteil nach Plänen der Regierung im Jahre 2030 bereits 50 % des Strombedarfs decken [6]. Weltweit wird mit 20 % Windstrom in den internationalen Elektrizitätsnetzen gerechnet.

Die Installationsrate neuer Windkraftanlagen (Abb. 13) zeigt deutlich ansteigende Tendenz. Weltweit lässt sich nach Abb. 21 bis zur Mitte des nächsten Jahrhunderts erwarten, dass die Windenergieerträge die fossilen Anteile wie z. B. Kohle, Erdöl oder Erdgas übertreffen werden.

Zur Durchsetzung einer großtechnischen Nutzung müssen allerdings Markteinbrüche vermieden werden. Kontinuität in der Produktion und im Aufbau von Anlagen sowie auch in der weiteren Entwicklung der Windenergienutzung sind die Voraussetzung. Lange Planungsphasen hinsichtlich der Standorte oder des Netzausbaus könnten sich ausgesprochen hemmend auswirken.

3 Energie aus dem Wind

Der Wind als natürliche Energiequelle steht dem Nutzer kostenlos zur Verfügung. Seine Urgewalt zu beherrschen erfordert jedoch erhebliche Anstrengungen. Nur unter dem Einsatz von ausgereiften Technologien mit dem höchsten zur Verfügung stehenden Standard ist dies über Jahrhunderte gelungen.

Mittelwerte der Windgeschwindigkeit und ihre zeitlichen Verläufe weisen zwar sowohl tägliche als auch jährliche Regelmäßigkeiten auf. Zwischen Flauten und Stürmen müssen jedoch alle Windgeschwindigkeiten beherrscht werden. Dadurch werden an die Komponenten und die Standfestigkeit der Anlagen hohe statische und dynamische Anforderungen gestellt. Weiterhin ist zu berücksichtigen, dass die Leistung bzw. die Energie, die eine Windturbine in einer bestimmten Zeit zu liefern vermag, mit der dritten Potenz der Windgeschwindigkeit ansteigt.

Gemessen an den auf konzentriertem Raum ablaufenden chemischen und physikalischen Prozessen in der konventionellen und nuklearen Energietechnik ist die Energiedichte des Windes relativ niedrig. Dementsprechend groß sind die Abmessungen von Turbinen bzw. Windrädern. Dies hat einen hohen Bauaufwand zur Errichtung von Windkraftanlagen zur Folge. Diese werden von den Turbinenblättern bis zum Generator auf eine Energieflussdichte von etwa 350 bis 500 Watt pro Quadratmeter Rotorkreisfläche ausgelegt. Jahresmittelwerte der Leistung von etwa 100 bis 150 Watt pro Quadratmeter bzw. Energieerträge von ca. 1.000 kWh pro Quadratmeter werden mit Windkraftanlagen vielfach erreicht und zum Teil auch übertroffen. Rotierende mechanische Systeme – sogenannte Windräder oder Windturbinen – haben sich daher als die Anordnung mit der größten praktischen Bedeutung zur Umwandlung der Bewegungsenergie (kinetische Energie) des Windes erwiesen.

3.1 Prinzip und Funktion der Energieumwandlung

Die Energie kann der anströmenden Luft durch Turbinen mit Flächen unterschiedlicher Anzahl, Form, Größe und Kombination entzogen werden. Am häufigsten werden tragflügelähnliche Konstruktionen (Rotorflügel oder -blätter) verwendet, um die Strömungsenergie der Luft in mechanische Rotationsenergie umzuwandeln.

Der Energieentzug aus dem Wind erfolgt durch Verzögerung der Luftströmung. Die mit einer Geschwindigkeit v_1 ungestört anströmende Luftmasse m_L hat die Bewegungsenergie $W_L = \frac{1}{2}\, m_L\, v_1^2$. Da sich bewegende Luftmassen aber nicht aufgestaut (oder gespeichert) werden können, muss das mit größerer Windgeschwindigkeit v_1 zuströmende Luftvolumen nach Energieentzug am Windrad bei geringerer Windgeschwindigkeit v_3 durch eine entsprechend größere Fläche A_3 wieder abfließen (Abb. 22). Dazu muss ein Teil der Bewegungsener-

Prinzip und Funktion der Energieumwandlung

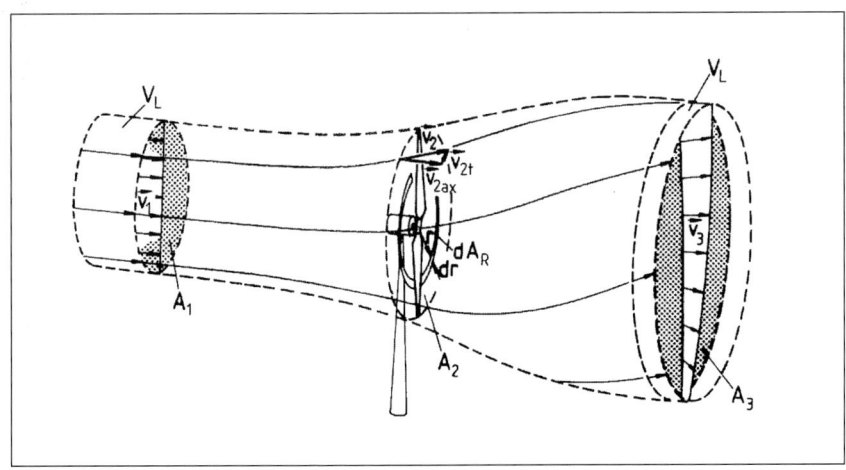

Abb. 22: Strömungsverlauf am Windrad

gie der abströmenden Luft erhalten bleiben. Die Energiewandlung der Windturbine erfolgt durch Umlenkung der Luftströmung an den Rotorblättern, wodurch diese in Rotation versetzt werden. Weitergehende Ausführungen und Berechnungsmethoden sind z.B. in [29, 31, 39, 40] und [41] dargestellt.

Die gesamte der Energieumwandlung dienende Funktionseinheit wird als Windenergieanlage oder -konverter bezeichnet. Andere Begriffe wie z.B. Windkraftanlage oder Windpumpe weisen auf die Nutzung der Anlage hin (zur Stromerzeugung bzw. Wasserförderung).

Die Umwandlung der kinetischen Energie des Windes zur technischen Anwendung ist mit verschiedenen Windradarten möglich (Abb. 23). Hinsichtlich der Bauform unterscheidet man zwischen Anlagen mit horizontaler und vertikaler Achse. Bezüglich der Art der Windenergieumwandlung wird unterschieden zwischen Konvertern, die den Widerstand an den Flächen der bewegten Teile bzw. den Auftrieb an den Flügeln nutzen.

Bei einer Windenergiewandlung durch reine Widerstandsflächen, z.B. Halbkugelschalen, Brettkonstruktionen und andere dem Wind entgegengesetzten Flächen, ist der Energieentzug aus der Luft geringer als bei auftriebnutzenden Windrädern. Der Einsatz dieser Windenergieanlagen beschränkt sich wegen niedriger Drehzahlen i. Allg. auf mechanische Antriebe. Die Konstruktionen sind überwiegend einfach und sehr massiv ausgeführt und können maximal etwa 20 % der in der Luft enthaltenen Strömungsenergie entziehen.

Die meisten Windräder – sowohl mit horizontaler als auch mit vertikaler Achse – werden so konstruiert, dass sie die Auftriebskraft nutzen. Der Auftrieb entsteht durch die Luftanströmung am Rotorflügel. Der Luftstrom an der Flügelunterseite erzeugt einen Überdruck, an der Oberseite entsteht ein Sog (Unterdruck). Beides zusammen bewirkt den Auftrieb und damit die Drehung des Rotorflügels.

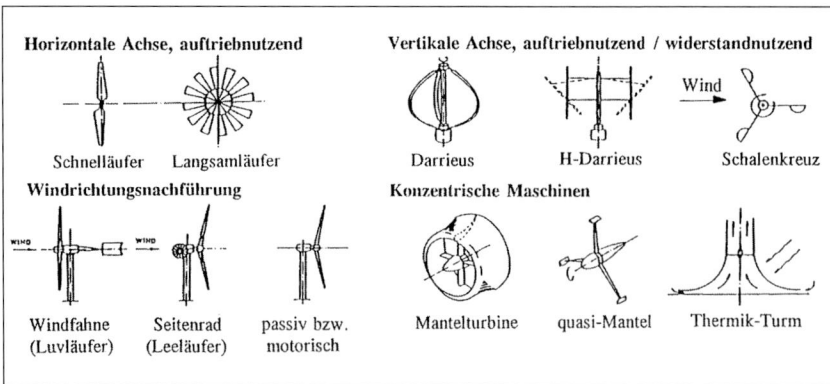

Abb. 23: Systematik der wichtigsten Windräder [31]

Die Turbine entnimmt aus der bewegten Luft ihre Energie. Allerdings würde eine vollständige Abbremsung der Luftbewegung auf $v_3 = 0$ an der Turbine einen Luftstau verursachen. Somit wäre das Einströmen von Luftmasse verhindert und kein Energieentzug mehr möglich. Ein auftriebnutzendes Windrad kann nach Betz [32] der Luftströmung nur maximal 60 % der Energie bzw. der Leistung entziehen. Die restlichen 40 % der Leistung müssen in der abfließenden Luft enthalten bleiben (s. Abb. 22). Infolge von Umwandlungsverlusten werden in der Praxis nur geringere Werte von etwa 45 % erzielt.

Für Windräder werden daher nicht, wie beispielsweise für Wasserturbinen üblich, Turbinenwirkungsgrade angegeben, sondern es wird von Leistungsbeiwerten C_p ausgegangen. Diese Kenngröße gibt für aufgestellte Anlagen im Betrieb das Verhältnis der entzogenen zu der im anströmenden Wind enthaltenden Leistung an.

Eine Verzögerung der Luftbewegung nach Abb. 22 kann sowohl mit vielen langsam bewegten als auch mit wenigen schnell rotierenden Blättern erfolgen. Einfache Holz- oder Blechkonstruktionen erlauben nur langsame Bewegungsvorgänge mit hoher Blattzahl (z.B. mehr als sechs). Entsprechend groß sind die zu übertragenden Drehmomente. Diese erfordern sehr massive Ausführungen. Wenige, schnellrotierende Blätter (z.B. eins bis drei) erreichen einen höheren Leistungsentzug und somit bessere Leistungsbeiwerte (Abb. 24). Diese werden allerdings nur durch gut ausgeformte Tragflügelprofile ermöglicht, die durch kleine Strukturfläche und geringe Wirbelbildung der Drehbewegung wenig Widerstand entgegensetzen. Dabei sind die zu übertragenden Drehmomente bei höherer Drehzahl entsprechend kleiner, was die Übertragungselemente äquivalent leichter zu gestalten erlaubt. Wesentlichen Einfluss auf die Drehmoment- sowie Leistungsgröße bzw. deren Beiwerte haben die Drehzahl oder die sog. Schnell-Laufzahl.

Die Schnell-Laufzahl $\lambda = v_u/v_1$ gibt das Verhältnis zwischen der Umfanggeschwindigkeit an der Blattspitze v_u und der Windgeschwindigkeit v_1 vor dem Windrad an. Durch die

Prinzip und Funktion der Energieumwandlung

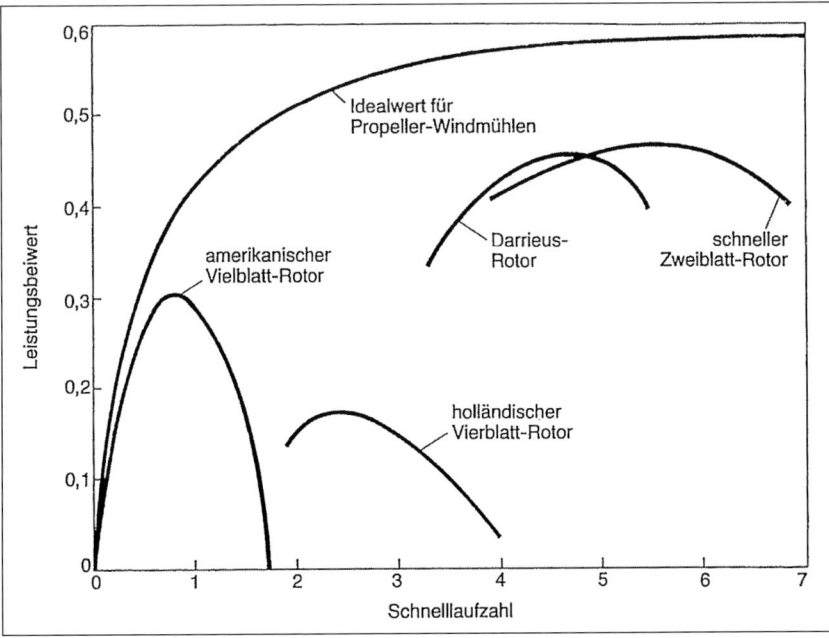

Abb. 24: Leistungsbeiwert in Abhängigkeit der Schnell-Laufzahl für verschiedene Windradtypen im Vergleich mit dem Idealwert [33]

Umfangsgeschwindigkeit an der Blattspitze bzw. deren Maximalwert wird die Belastung der Rotorblätter mit bestimmt. Zwischen 50 und 120 m/s Umfangsgeschwindigkeit sind üblich. Sie ist für die Dimensionierung der Flügel sowohl von großen als auch von kleinen Anlagen maßgebend. Die Umfangsgeschwindigkeiten von marktführenden Windkraftanlagen liegen etwa zwischen 60 und 80 m/s. Bei drehzahlstarr betriebenen Anlagen werden Umfangsgeschwindigkeiten unter 70 m/s angestrebt, um die Rotorgeräusche möglichst niedrig zu halten. Da sich die Geschwindigkeit an der Blattspitze als Produkt von Radius und Umdrehungszahl der Turbine errechnet, ergeben sich für große Anlagen kleine Drehzahlen und umgekehrt. Daher erreichen Kilowattanlagen ungefähr drei Umdrehungen pro Sekunde bzw. 180 Umläufe während einer Minute. Dagegen sind bei Megawattanlagen etwa in drei Sekunden eine Umdrehung bzw. während einer Minute ca. 20 Umläufe zu beobachten.

Der Leistungsbeiwert ist neben der Dreh- bzw. Schnell-Laufzahl auch von dem Blatteinstellwinkel der Rotorblätter zur Drehebene des Windrades abhängig (Abb. 25). Erlaubt die Turbine eine Blatteinstellwinkelveränderung, so kann z. B. bei hohen Windgeschwindigkeiten der Leistungsbeiwert bzw. die Anlagenleistung an die gewünschte Größe angeglichen bzw. ausgeregelt werden.

Für schnelldrehende Windräder (Darrieus- bzw. Zwei- oder Dreiblatt-Rotor) mit aerody-

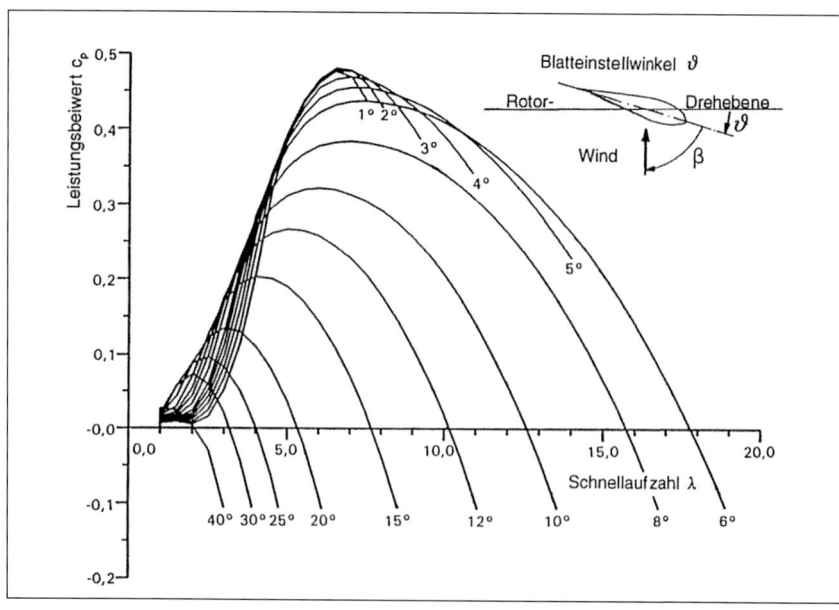

Abb. 25: Kennfeld des Leistungsbeiwertes einer Windenergieanlage mit drei Rotorblättern. Parameter: Blatteinstellwinkel

namisch geformten Blättern können nach Abb. 24 bei Schnell-Laufzahlen von ca. $\lambda = 4$ bis 7 C_p-Werte zwischen 0,4 und 0,5 (bzw. in Abb. 25 bei $\lambda = 7$ und $\vartheta = 5°$ ist $C_p = 0,45$) erreicht werden. Langsam drehende Anlagen (amerikanischer bzw. holländischer Vielblattrotor) mit nicht aerodynamisch geformten Holz- oder Blechflügeln ($\lambda = 1$ bis 2,5) haben deutlich geringere Leistungsbeiwerte zwischen $C_p = 0,15$ und 0,3.

Um Windkraftanlagen vor Überlast zu schützen, muss bei Windgeschwindigkeiten über dem Auslege- bzw. Nennbereich der Anlagen ein Teil der Leistung abgeregelt werden. Dies kann dadurch erreicht werden, dass der Luftströmung nur ein kleinerer Anteil ihres Energieinhaltes entzogen wird. Wie Abb. 25 verdeutlicht, kann z.B. bei einer Schnell-Laufzahl von 7 durch Veränderung des Blatteinstellwinkels von 5° auf 12° der Leistungsbeiwert halbiert werden. Andererseits lässt sich bei Anlagen ohne Blattverstellung die Turbine zu kleinen Schnell-Laufzahlen führen und ebenfalls die Leistung reduzieren. Somit lässt sich die Windradleistung P_W entsprechend beeinflussen. Sie ergibt sich aus der Beziehung

$$P_W = C_P \cdot A \cdot v_1^3 \cdot \frac{\rho}{2},$$

wobei der Leistungsbeiwert durch die Anlage je nach Betriebszustand beeinflusst werden kann, die Rotorkreisfläche A durch die Konstruktion vorgegeben ist, die Windgeschwindig-

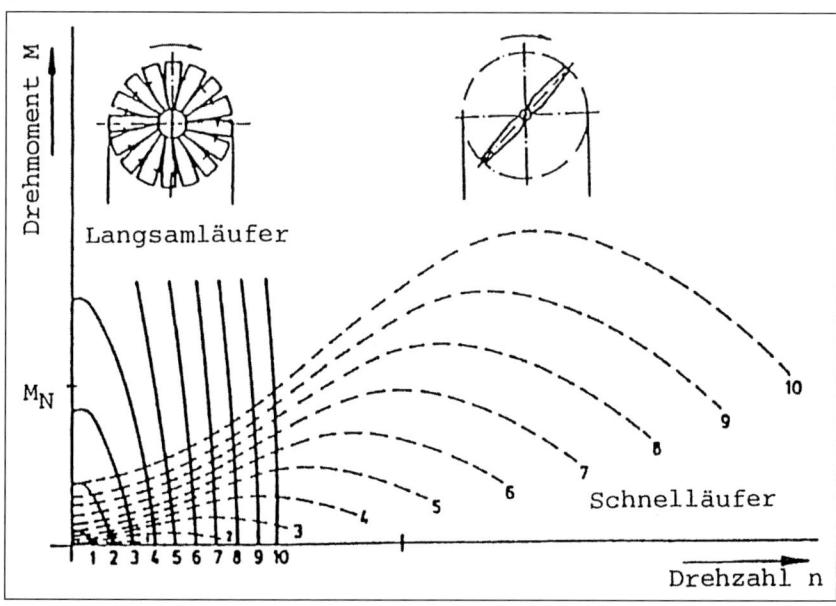

Abb. 26: Drehmoment-Drehzahl-Kennfeld für Langsam- und Schnellläufer bei festen Blatteinstellwinkeln und verschiedenen Windgeschwindigkeiten [34]

keit der Meteorologie unterliegt und die Luftdichte ρ in geringem Maße von der Höhe des Aufstellungsortes bzw. dem Luftdruck abhängt.

Sehr deutlich kommen die Unterschiede zwischen Langsam- und Schnellläufern in ihrem Anlauf- und Betriebsverhalten nach Abb. 26 zum Ausdruck. Die Drehmoment-Drehzahl-Kennfelder für Langsamläufer mit festen Blatteinstellwinkeln zeigen bei verschiedenen Windgeschwindigkeiten hohe Anlaufdrehmomente und enge Betriebsbereiche, für Schnellläufer dagegen sind wesentlich geringere Anlaufdrehmomente und weite Drehzahlbereiche mit hohen Drehmomenten charakteristisch. Schnellläufer sind meist mit ein bis drei Rotorblättern (Abb. 23), Langsamläufer mit einer größeren Blattzahl ausgeführt.

3.2 Anwendung der Windenergie

Windräder können verschiedene Arbeitsmaschinen (z.B. Hydraulik-, Pneumatik- und Wärmepumpen sowie Wasser- oder Öl-Wirbelbremsen und Generatoren) direkt über Getriebe oder auch über elektrische Zwischenstufen antreiben. Dabei kann die Windenergie unmittelbar z.B. zur Bewässerung, Teichbelüftung, Heizung, Kühlung und Netzeinspeisung oder über verschiedene Speicher wie Pump-, Drucköl-, Druckluft-, Wärme-, Kälte-, Schwungrad-, Wasserstoff- und Sauerstoffspeicher und Akkumulatoren auch für weitere Anwendungsfälle

Energie aus dem Wind

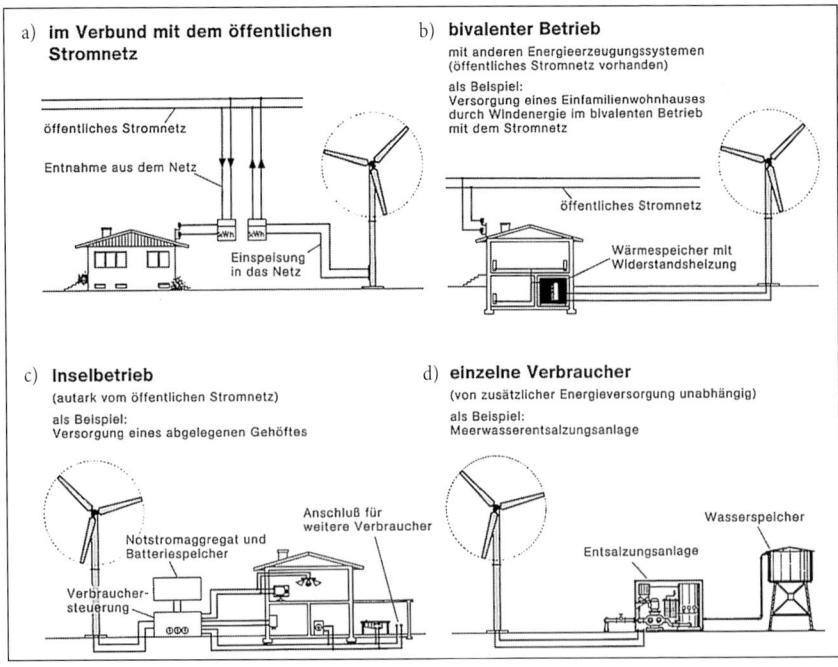

Abb. 27: Betriebsarten von Windenergieanlagen [35]

(Trinkwasserversorgung, Maschinenantriebe, autarke Stromversorgung etc.) Verwendung finden. Der praktische Einsatz der Windenergie beschränkt sich i. Allg. jedoch nur auf einen Teil der angedeuteten Möglichkeiten. Für zukünftige Energiekonzepte wird der Erzeugung und Nutzung elektrischer Energie die weitaus größte Bedeutung beigemessen. Die momentane Windenergienutzung beschränkt sich sowohl in Deutschland als auch europa- und weltweit nahezu vollständig auf die Einspeisung in die verschiedenen elektrischen Verbundnetze. Dazu kommen insbesondere mittlere und große Windenergieanlagen im 100-kW- bis in den MW-Bereich in Frage. Diese werden somit fast ausschließlich zum Betrieb am öffentlichen Versorgungsnetz eingesetzt.

Brennstoffeinsparungen bei der Elektrizitätserzeugung von weit über 10 % sind nach Abb. 21 aufgrund der vorhandenen Potentiale langfristig durch Nutzung der Windenergie weltweit möglich. Regional, z. B. in Küstenregionen oder auf Inseln, können erheblich höhere Anteile erreicht werden. Die meteorologischen und geographischen Voraussetzungen sind in vielen Ländern der Erde gegeben.

Kleine Windenergieanlagen mit einer Leistung auch weit unter 100 kW eignen sich insbesondere für die Versorgung von einzelnen Verbrauchern oder Verbrauchergruppen und werden bei der Elektrifizierung entlegener Gebiete [36 bis 38] eine grundlegende Rolle spielen.

Anwendung der Windenergie

Dafür sind enorme Ausbaupotentiale zu erwarten, denn mehr als 2,5 Milliarden Menschen auf der Erde haben bisher keine Versorgung mit elektrischem Strom. Diese ist allerdings für die technologische Entwicklung in den betroffenen Regionen von entscheidender Bedeutung und gibt der Bevölkerungsgruppe neue Zukunftschancen.

Die Versorgungsmöglichkeiten und Ansprüche sind dabei sehr unterschiedlich. Für Elektroheizungen (Abb. 27b) werden keine Anforderungen an die Qualität bei der Erzeugung elektrischen Stroms, z. B. hinsichtlich der Konstanz von Frequenz und Spannung, gestellt. Die Stromversorgung von Meerwasserentsalzungsanlagen bzw. von Gebäuden (Abb. 27d, c), die mit handelsüblichen elektrischen Geräten ausgestattet sind, erfordern dagegen enge Grenzen der Schwankungsbreite dieser Größen. Bei der Einspeisung in das öffentliche Netz (Abb. 27a) wird die Windkraftanlage von diesem geführt. Somit können Versorgungsengpässe im eigenen System vom Netz übernommen werden.

Für die autarke Versorgung nicht mit dem öffentlichen Netz verbundener Verbraucher[1] spielen die Unterschiede zwischen Windenergieangebot und Energiebedarf eine entscheidende Rolle. Trotz jahreszeitlich guter Übereinstimmung kann z. B. durch Flauten die Versorgungssicherheit gefährdet werden. Entsprechend dimensionierte Speicher und Notstromaggregate erhöhen die Verfügbarkeit. Um die zeitliche Verfügbarkeit und die Energielieferung (z. B. während eines Jahres) bestimmen zu können, sind detaillierte Angaben über die Winddaten am Aufstellungsort erforderlich (s. Kap. 2).

Darüber hinaus muss das Zusammenspiel zwischen den einzelnen Versorgungs- und Speichereinheiten sowie mit verschiedenartigen Verbrauchern oder Verbrauchergruppen organisiert werden. Die Verbindung der Energiesysteme sowie eine Kommunikation der Einheiten untereinander sollten möglichst internationalem Standard entsprechend ausgeführt sein. Hierbei müssen die Systemzustände erfasst und notwendige Maßnahmen ergriffen werden, um einerseits minimalen Energieeinsatz aus fossilen Brennstoffen zu erlangen und hohe Versorgungssicherheit zu gewährleisten. Um problemlose Kopplungen von Systemen zu erzielen, müssen weiterhin die Einheiten in standardisierter Form – möglichst in modularer Ausführung – aufgebaut werden.

Für den Einsatz der Windenergie im großen Rahmen sind die Zuverlässigkeit und die Wartungsfreundlichkeit der Anlagen wesentliche Voraussetzungen. Eine kurzfristige Ersatzteilbeschaffung sollte ebenso möglich sein. Ausgehend von den oben erläuterten Grundprinzipien werden im folgenden die Anlagentechnik sowie die unterschiedlichen Anforderungen bei verschiedenen Einsatzmöglichkeiten aufgezeigt.

---

[1] Im Inselbetrieb können Verbraucher durch eine einzelne Windenergieanlage (Alleinbetrieb) oder durch mehrere Anlagen versorgt werden.

4 Anlagentechnik

Öffentliche Versorgungsnetze und Inselstationen werden hauptsächlich von thermischen Kraftwerken, Wasserkraftanlagen und Dieselaggregaten beliefert. Hier ist es möglich, die abzugebende Leistung durch Dosierung der Primärenergiezufuhr (d. h. Brennstoff oder Wassermenge) zu regeln.

Bei Windenergieanlagen ist die zur Verfügung stehende Primärenergie durch die Geschwindigkeit der Luftströmung vorgegeben. Durch Witterung und Jahreszeit bedingt, unterliegt die Windgeschwindigkeit lang- und mittelfristigen Schwankungen sowie kurzzeitigen Fluktuationen durch Böen. Dementsprechend treten Leistungsänderungen an den Windturbinen auf. Um einen störungsfreien Betrieb sicherzustellen, muss die Dynamik der Anlage durch die Regeleinrichtung so beeinflusst werden, dass sowohl den Eigenschaften der Systemkomponenten als auch den Belangen des Netzes und der Verbraucher Rechnung getragen wird. Bei den folgenden Ausführungen stehen daher neben dem Aufbau und der Funktionsweise auch die Betriebsart und die Möglichkeiten zur Regelung sowie Betrachtungen zum Betriebsverhalten von Windenergiekonvertern im Vordergrund.

Zur Erzeugung elektrischer Energie eignen sich insbesondere hochtourige Windräder (auftriebnutzende Schnellläufer) mit horizontaler oder vertikaler Achse. Anlagen mit vertikaler Achse, als Darrieus-Rotoren mit 2 oder 3 Blättern ausgeführt (Abb. 28), oder deren Abwandlung, die sog. H-Darrieus-Läufer (Abb. 29), konnten bisher keine großen Marktanteile in der Windenergietechnik erlangen. Bedingt durch den einfachen mechanischen Aufbau können gute Betriebsergebnisse erreicht werden. Bei netzstarr gekoppelten Einheiten sind allerdings starke Leistungspendelungen zu beobachten. Diese lassen sich durch Drehzahlvariationen im Generatorsystem erheblich vermindern. Weitergehende Ausführungen über Vertikalachsenturbinen sind z. B. in [30, 39] und [40] zu finden. Grundlegend neue Literatur ist jedoch nicht verfügbar.

Die folgenden Darstellungen beschränken sich auf Konverter mit horizontaler Achse, da diese am weitesten verbreitet sind und den Windkraftanlagenmarkt momentan beherrschen.

4.1 Struktur des Wandlersystems

Der Aufbau des Turmkopfes einer Horizontalachsen-Windkraftanlage zur Stromerzeugung nach Abb. 30 zeigt alle wesentlichen Komponenten sowie konstruktive Details des Wandler- und Sicherheitssystems. Darüber hinaus ist anhand dieser klar strukturierten Darstellung das Wirkungsprinzip von Windkraftanlagen deutlich zu erkennen.

Struktur des Wandlersystems

Abb. 28: Darrieus-Rotoren mit 300 kW Nennleistung (im Vordergrund)

Abb. 29: H-Darrieus-Anlagen (300 kW Nennleistung)

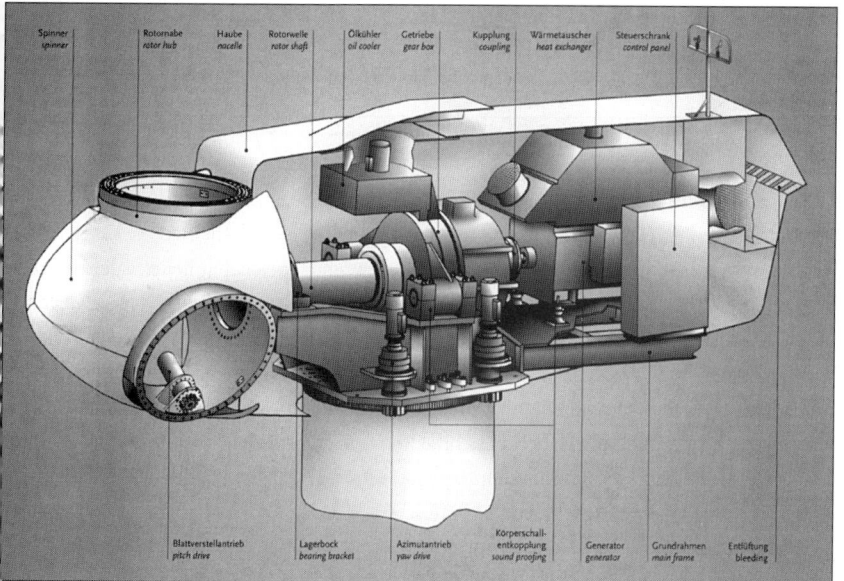

Abb. 30: Maschinenhaus einer 1,5-MW-Horizontalachsen-Windkraftanlage (Tacke Windenergie GmbH)

Trotz konstruktiver Unterschiede bei der Anlagenausführung konkurrierender Hersteller weisen die Baugruppen und die Teilkomponenten verschiedener Typen auch aufgrund gemeinsamer Zertifizierungs-Richtlinien große Ähnlichkeiten auf. Im folgenden sollen daher exemplarisch alle wesentlichen in Abb. 30 genannten Systemkomponenten aufgeführt werden:

Werden konstruktive Details wie z. B. Turm und Sicherheitseinrichtungen außer acht gelassen und nur die für den Energie- und Informationsfluss wichtigen Hauptbaugruppen näher betrachtet, so kann aus dem oben gezeigten Aufbau die Wirkungskette nach Abb. 31 abgeleitet werden.

Anlagentechnik

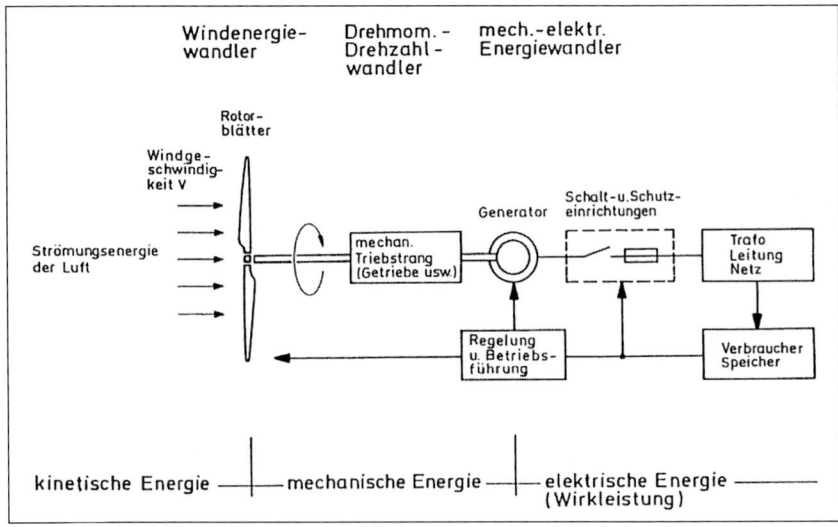

Abb. 31: Wirkungskette von Windenergieanlagen

Die von einem Windrad der Luftströmung entnommene Leistung wird direkt oder über ein Getriebe auf den Läufer des Generators übertragen. Die elektrische Energie kann den Verbrauchern z. B. bei Einzelstromversorgung direkt bzw. über Speichereinheiten oder bei Netzeinspeisungen über Zwischenglieder wie Leitung, Trafo und Netz zugeführt werden. Gegenseitige Einflüsse vom Windrad über den Generator zum Netz und zu den Verbrauchern sowie Einwirkungen durch die Regelung und Betriebsführung werden anhand dieser Energieflusskette deutlich. Systemkomponenten wie z. B. Turm und die langsam wirkende Windrichtungsnachführung sind dabei nicht berücksichtigt worden. Bei richtiger Auslegung haben diese i. Allg. auf die Belange der Regelung und auf das Betriebsverhalten bei der elektrischen Energieversorgung keinen entscheidenden Einfluss.

Wirkungsweise und funktionelle Zusammenhänge der Hauptkomponenten einer Windkraftanlage lassen sich mit Hilfe des Blockdiagramms nach Abb. 32 für blatteinstellwinkel bzw. stallgeregelte Anlagen charakterisieren. Weiterhin können wesentliche Unterschiede, die hauptsächlich die Einwirkungsmöglichkeiten betreffen, verdeutlicht werden.

Bei einem Windangebot über dem Nennbereich wird bei stallgeregelten Anlagen das Windrad durch das Lastmoment des netzstarr gekoppelten und somit entsprechend groß dimensionierten Generators in seiner Drehzahl gehalten. Die Blätter gelangen in den Stallbetrieb (Strömungsabriß am Flügel, Kap. 5.4.1) und ihre Leistungsaufnahme wird begrenzt. Blatteinstellwinkelgeregelte Einheiten erlauben dagegen Eingriffe durch die Regelung am Rotor in der Weise, dass Veränderungen des Blatteinstellwinkels zur Verminderung der Leistungsaufnahme führen (Abb. 25). Derartige Eingriffe können auch bei einem Betrieb unterhalb de

Struktur des Wandlersystems

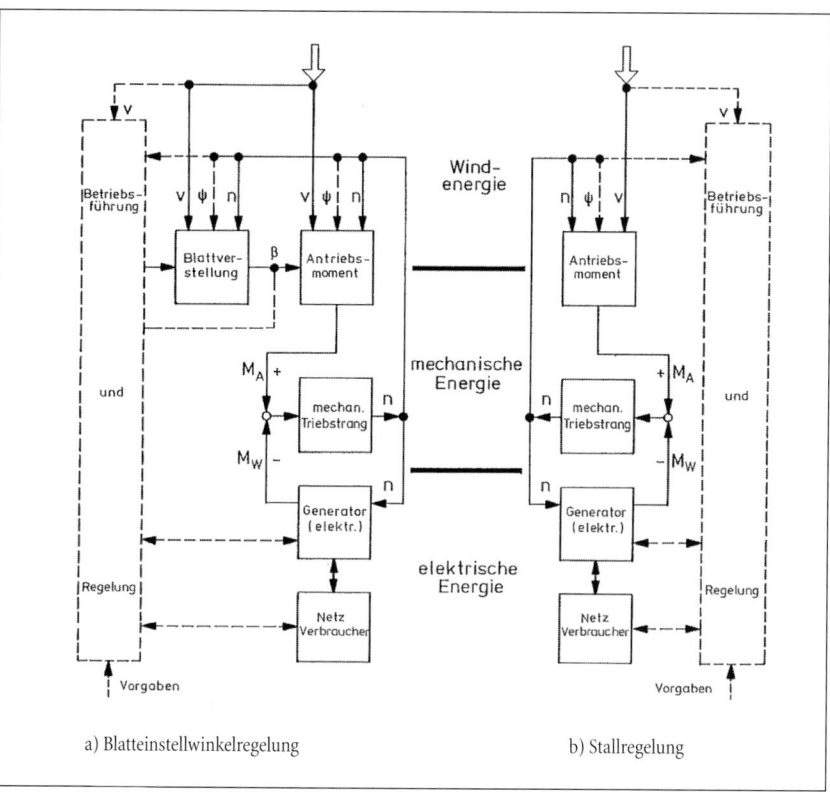

a) Blatteinstellwinkelregelung   b) Stallregelung

Abb. 32: Wirkungsschema von Windenergieanlagen mit ihren Hauptkomponenten und Einwirkungen
(M_A Antriebsmoment des Windrades, M_W Widerstandsmoment des Generators, n Drehzahl des Rotors, v Windgeschwindigkeit, ß Rotorblatteinstellwinkel, Ψ_{Bl} Stellung des Rotorblattes zum Turm)

Nennlast vorgenommen werden. Damit lässt sich die Rotordrehzahl, die durch das Antriebsmoment am Windrad in Verbindung mit dem Widerstandsmoment des Generators bestimmt wird, in allen Leistungsbereichen beeinflussen. Somit ist eine wesentliche Voraussetzung zum kontrollierten Betrieb von Stromerzeugungsanlagen gegeben.

Unterschiedliche Windgeschwindigkeiten auf der Rotorkreisfläche, die insbesondere durch höhere Windgeschwindigkeiten im oberen Rotorbereich und Turmschatten- bzw. Turmstaueffekte im unteren Blattdurchlauf hervorgerufen werden, verursachen Leistungs- bzw. Drehmomentschwankungen in Abhängigkeit von der Rotorstellung Ψ_{Bl} während des Umlaufs. Die beiden Grobstrukturen nach Abb. 32 zeigen, dass die Funktionsweise und die Charakteristik einer Windkraftanlage wesentlich durch die Einzelkomponenten und die Regelung festgelegt werden. Zur Regelung und Betriebsführung notwendige Systeme werden in Kapitel 5 beschrieben.

4.2 Aufbau und Komponenten von Windkraftanlagen

Gegenüber Vertikalachsenanlagen bieten Windkraftanlagen mit horizontaler Achse nach Abb. 30 Vorzüge im Hinblick auf die Nutzung eines weiten Windgeschwindigkeitsbereiches; Vorteile beim Anlaufverhalten und bei der Regelbarkeit sind ebenfalls gegeben (Abb. 25, 26). Die Hauptbaugruppen sind neben dem Turm und der Regeleinrichtung die Turbine, Maschinenhaus mit mechanisch-elektrischem Energiewandler (Generator, mit oder ohne Getriebe bzw. Umrichter) und Sicherheitseinrichtungen (z. B. Rotorbremse).

4.2.1 Turbinenrotor (Windrad)

Von der Windturbine wird neben einer hohen aerodynamischen Leistung ausreichende Stabilität und Festigkeit bei möglichst niedrigen Herstellungskosten gefordert. Dabei spielen die Anzahl der Rotorblätter, die Rotordrehzahl bzw. die Schnelllaufzahl, die Bauweise, die Geometrie der Flügel sowie die Anordnung zu ihrer Verstellung und die Nabenkonstruktion eine entscheidende Rolle.

Die Rotoraufhängung wird meist starr ausgeführt (Abb. 33a). Alle Kräfte, Momente und Schwingungen werden über die Nabe auf den Turm übertragen. Auswirkungen von Böen und Höhenprofilen der Windgeschwindigkeit sowie Einflüsse des Turmes (z. B. Turmschatten[2]) muss daher insbesondere in Hinblick auf die Laufruhe Rechnung getragen werden. Eine Verminderung der Blattbelastungen kann durch eine pendelnd angeordnete Achse erzielt werden (Abb. 33b). Einzeln bewegliche Blätter mit Schlaggelenken lassen darüber hinaus einen Blattkonuswinkel (Abb. 33c) zu, der sich frei einstellen kann. Dieser entspricht der Richtung der Resultierenden aus Windschub (durch Auftrieb am Blatt) und Fliehkräften durch die rotierenden Blattmassen, so dass der Blattanschluss in Windrichtung biegemomentenfrei wird. Im Stillstand, während der Anlaufphase und für Extremsituationen sind bei den letztgenannten Systemen zusätzliche Stabilisierungsmaßnahmen erforderlich. Der erhöhte Bauaufwand und die komplexere Ausführung der Naben verteuern allerdings die Anlagen und machen diese zusätzlich anfälliger für Störungen. Die Nabentypen nach Abb. 33b und c haben zur Zeit keine praktische Bedeutung. Nahezu alle marktgängigen Anlagen werden mit starrer Nabe ausgeführt.

Bei der praktischen Ausführung von Turbinen kann der Rotor, aus der Windrichtung gesehen, vor dem Turm als Luvläufer – wie üblicherweise bei historischen Windmühlen – angeordnet sein oder hinter dem Turm als Leeläufer mit Blattkonuswinkel (Abb. 23 unten links) betrieben werden. Dreiblattrotoren (Abb. 34) sind die am stärksten verbreitete Bauform bei Horizontalachsenanlagen. In der MW-Klasse können hingegen Zweiblattrotoren durchaus Vorteile bieten (Abb. 35). Turbinen mit einem Blatt (Abb. 36) nehmen eine Sonderstellung

---

[2] Turmschatten bzw. Turmstau: Das vom Turm beeinflusste Luftströmungsfeld. Der Rotorflügel erfährt im Strömungsbereich des Turmes kurzzeitige Belastungsänderungen.

Aufbau und Komponenten von Windkraftanlagen

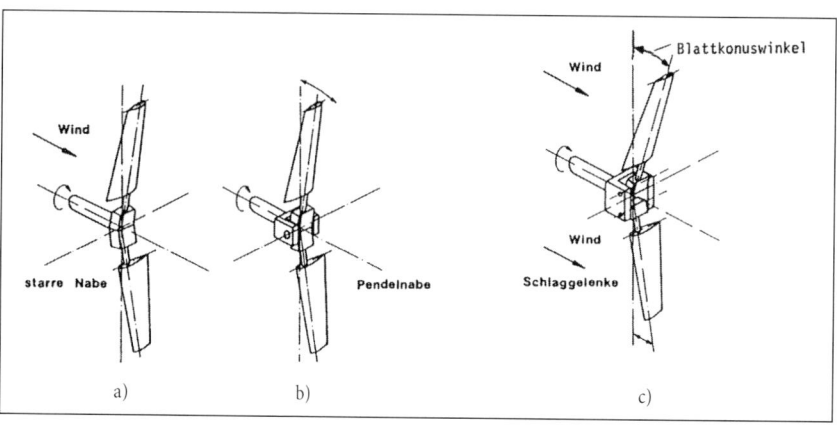

Abb. 33: Nabenbauarten (schematische Darstellung für Zweiblattrotoren [30])

Abb. 34: Dreiblattanlage TW 1.5, 1.500 kW Nennleistung, 65 m Rotordurchmesser

Abb. 35: Zweiblattrotor Aeolus II (MBB), 3 MW Nennleistung, 80 m Rotordurchmesser

Abb. 36: Einblatt-Turbine Monopteros (MBB), 640 kW Nennleistung, 56 m Rotordurchmesser

ein. Sie konnten sich bisher nicht auf dem Markt durchsetzen. Während bei der Anlage nach Abb. 34 und 35 die Flügel starr mit der Nabe verbunden sind, ist der Einblattrotor (Abb. 36) mit einer Schlaggelenknabe ausgestattet. Mehrflügelanordnungen sind z. T. bei kleinen Anlagen im kW-Bereich und darunter üblich.

Weltweit hat sich eine deutliche Dominanz von dreiblättrigen Luv-Rotoren herauskristallisiert. Im Rahmen der installierten Anlagen im Breitentestprogramm 250 MW Wind in Deutschland sind 87 % der Anlagen mit Dreiblatt-Rotoren ausgestattet. Die durchschnittliche Anlagenleistung beträgt ca. 600 kW. Ein deutlicher Trend zu größeren Einheiten ist wie

Anlagentechnik

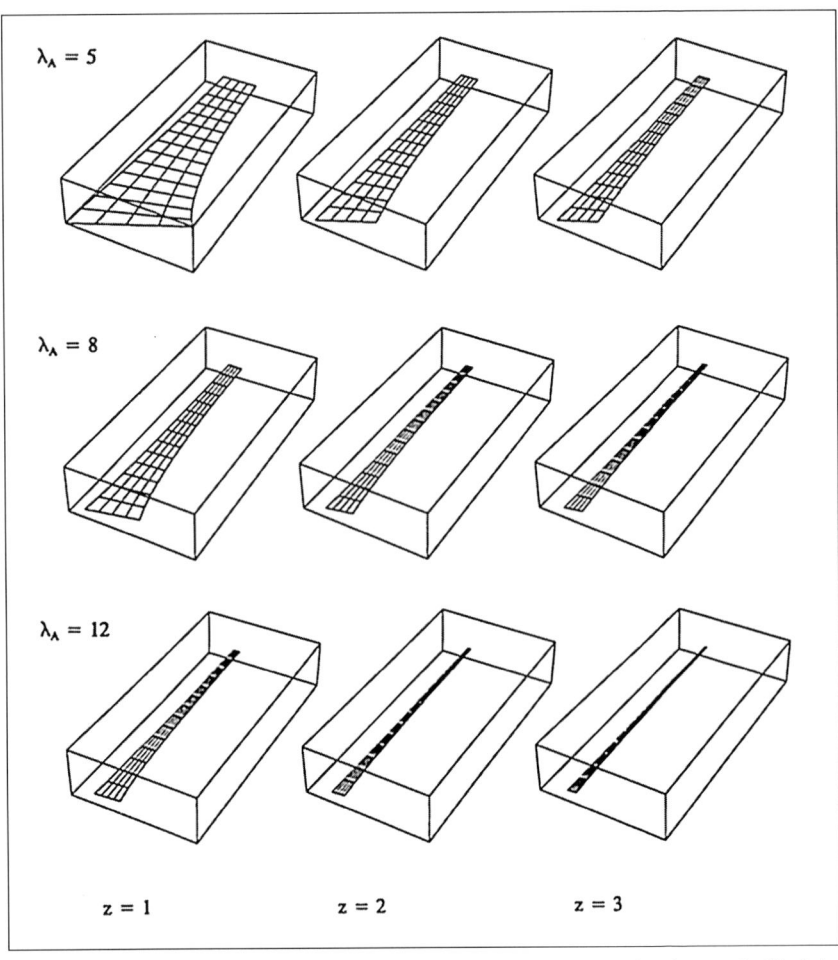

Abb. 37: Optimale Rotorblattformen für unterschiedliche Anzahl z der Rotorblätter und Auslegungsschnelllaufzahlen λ_A.

bereits in der Vergangenheit sich zeigte, noch immer zu verzeichnen. Die 2- bis 2,5-MW-Anlagen stehen vor der Markteinführung und 3- bis 5-MW-Systeme sind bereits in Planung. Derart große Einheiten sind unter anderem notwendig, um die enormen Offshore-Potentiale erschließen zu können.

Um die Luftströmung in der nach Abb. 22 gegebenen Form beeinflussen zu können, ist es möglich, die Energieumwandlung mit Hilfe vieler Blätter bei langsamer Drehbewegung zu vollziehen oder die gleiche Energie durch wenige Flügel mit schneller Rotation zu entnehmen. Weiterhin kann die optimale Windgeschwindigkeitsverzögerung auf ein Drittel der

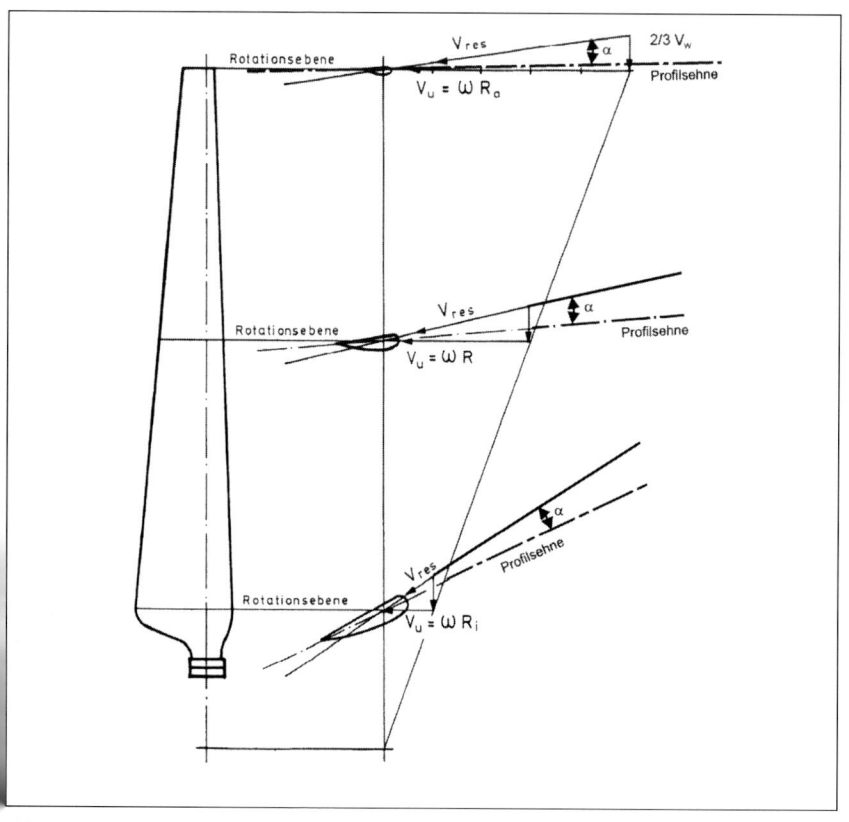

Abb. 38: Verwindung des Rotorblattes

Anströmung bei gleicher Rotationsgeschwindigkeit durch einen sehr tiefen bzw. zwei oder drei Flügel entsprechend kleinerer Tiefe erreicht werden (Abb. 37). Dementsprechend unterscheiden sich die Rotorblätter in ihrer äußeren Kontur und in ihrer Stellung zur Windrichtung bzw. zur Rotationsebene.

Die Umfangsgeschwindigkeit der Turbine ist an der Blattspitze groß und in Nabennähe relativ klein. Daraus resultiert bei gleicher Beeinflussung der Luftströmung eine kleine Blatttiefe an der Spitze und eine große Blattfläche in Nabennähe. Um beim Betrieb der Anlagen auf der gesamten Blattlänge ähnliche Strömungsverhältnisse zu erreichen, müssen etwa gleiche Anströmrichtungen am Blattprofil zwischen Blattspitze und Nabennähe erreicht werden. Diese werden dadurch gekennzeichnet, dass die Profilanströmung im Auslegungsbereich (z.B. Nennbetrieb) in allen Radien nahezu gleich ist (Abb. 38). Der Anströmwinkel α ergibt sich als Differenz zwischen der Profilstellung zur Rotationsebene und der resultierenden Profilanströmung. Diese ist die vektorielle Summe aus der Windgeschwindigkeit

Anlagentechnik

a) Fertigung mit Glasfaser-Verbundwerkstoffen

b) Vorgebogenes Rotorblatt (NOI 37,5/77 m Rotordurchmesser)

Abb. 39: Rotorblattfertigung mit Glasfaser-Verbundwerkstoffen an der Turbine

und der bei Rotation des Blattes entstehenden Umfangsgeschwindigkeit.

Neben der geometrischen Form und der Profilierung sind bei den Rotorblättern auch Massenbelegung, Materialfestigkeit etc. zu berücksichtigen. Durch die Wahl des Materials (z. B. Glas- und Kohlefaserverbundwerkstoffe, Stahl, Aluminium, Holz, Holzkomposit u. a. sowie deren Kombinationen) und durch die Fertigungsmöglichkeiten (s. Abb. 39) sind Flügelaufbau und Profilgüte und damit auch die erzielbare Leistung gegeben. Weiterhin lässt sich mit vorgebogenen Blättern insbesondere bei Großanlagen im MW-Bereich auch im Betrieb bei hohen Windgeschwindigkeiten die notwendige Distanz der Flügel zum Turm erreichen.

4.2.2 Blattverstellung und Sicherheitseinrichtungen

Eine Windturbine soll einerseits hohe Energieerträge erzielen. Andererseits muss z. B. bei Böen und Sturm die gesamte Windkraftanlage vor Überlast und kritischen Betriebszuständen geschützt werden.

Aufbau und Komponenten von Windkraftanlagen

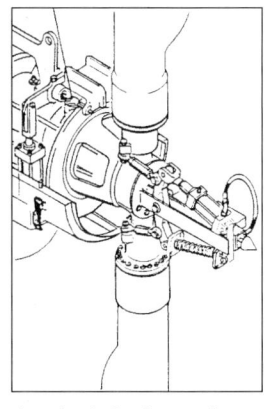

a) Hydraulische Blattverstellung (MAN)

b) elektrische Blattverstellung (Enercon)

c) Blattspitzenverstellung (Boeing)

Abb. 40: Rotorblatt-Verstelleinrichtungen

Entsprechend Abb. 25 lässt sich der Leistungsbeiwert und damit die Windradleistung je nach Schnelllaufzahl einstellen durch Veränderung
- der Drehzahl bei drehzahlvariablen Energiewandlersystemen bzw.
- des Blatteinstellwinkels bei Windrädern, die um ihre Längsachse drehbare Rotorblätter besitzen.

Um ihre Längsachse drehbare Rotorblätter können im gesamten Windgeschwindigkeitsbereich zur Regelung der Leistungsaufnahme bzw. der Drehzahl verwendet werden und damit auch der Sturmsicherung dienen. Dabei ist es möglich, die gesamten Blätter oder nur die Blattspitzen zu verstellen (Abb. 40).

Um den Flügel verdrehen zu können, muss an der Blattwurzel mit Elektromotor, Hydraulik, rotierenden Massen o.ä. ein Stellmoment aufgebracht werden. Dabei sind Momente durch Trägheit sowie Feder- und Dämpfungseigenschaften der Verstelleinrichtung zu berücksichtigen. Hinzu kommen drehzahl-, winkel- und z.T. auch windgeschwindigkeitsabhängige Kräfte am Blatt, Einflüsse infolge ungleicher Massenbelegung der Flügel (Propellermomente) durch Auftrieb, Trägheit, Durchbiegung und Luftdämpfung sowie durch Reibung an den Lagern. Weitergehende Ausführungen und Zusammenhänge sind in [29] detailliert wiedergegeben. Diese Vielfalt an Einwirkungen erfordert eine sehr gute konstruktive Abstimmung der gesamten Komponenten. Ein einfacher Austausch von Flügeln ähnlicher Bauart ist daher nicht ohne weiteres möglich.

Anlagentechnik

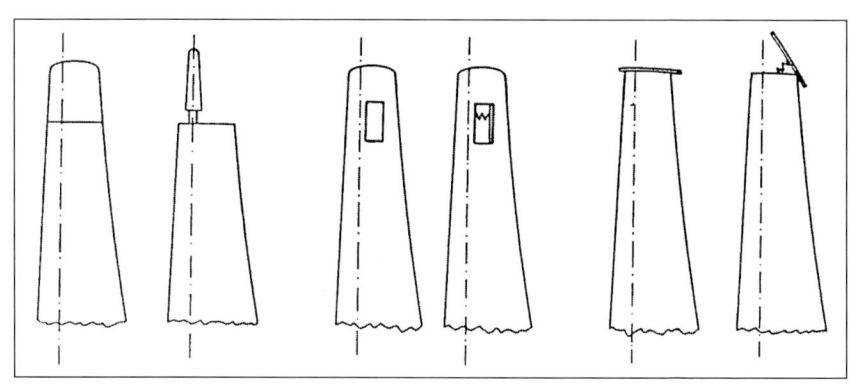

Abb. 41: Aerodynamische Bremsen [41]

Drehzahlstarre Anlagen ohne Blattverstellung besitzen diese o. g. Eingriffsmöglichkeiten nicht. Ihre Leistungsaufnahme kann beim Betrieb an einem sog. starren Netz mit nahezu konstanten Spannungs- und Frequenzwerten z. b. durch entsprechende aerodynamische Auslegung der Rotorblätter (Stallbetrieb) begrenzt werden (s. auch Kap. 5 bzw. 5.4.12). Da die Rotorblätter bzw. ihr Winkel zur anströmenden Luft den unterschiedlichen Betriebsbedingungen nicht angepasst werden können, müssen diese in ihrer Normalstellung alle Belastungen überstehen. Somit sind hohe Stabilität und massive Ausführung der Flügel erforderlich. Größere Turbinenmassen (im Vergleich zu blattwinkelgeregelten Anlagen) sind die Folge.

Bei den weltweit installierten Windkraftanlagen bis in die 1-MW-Größe dominiert die Leistungsbegrenzung durch Stalleffekt deutlich. Im Bereich der in Deutschland im „250 MW Wind"-Programm installierten Anlagen nehmen sie einen Anteil von etwa 60 % ein. Anlagen über 1 MW tendieren hingegen zu winkelverstellbaren Rotorblättern. Damit kann die Turbinenmasse reduziert werden.

Vor eventuell auftretenden Überdrehzahlen infolge Netzausfall, bei dem der Generator dem Windrad kein Lastmoment liefern und damit keine Drehzahl vorgeben kann, müssen derart stallgeregelte Anlagen zusätzlich geschützt werden. Dies geschieht z. B. durch aerodynamische Bremsklappen in den Blattprofilen oder an den Flügelspitzen (Abb. 41). Darüber hinaus bietet eine Rotorbremse (meist als Scheibenbremse ausgeführt) bei fast allen Anlagen die Möglichkeit, das Windrad festzubremsen (Abb. 30).

Aus Gründen der Blattbeanspruchung infolge auftretender Kreiselkräfte [29] darf der Turmkopf nur sehr langsam aus der Richtung des Windes gedreht werden. Diese für Langsamläufer übliche Art der Leistungsbegrenzung lässt bei Schnellläufern nur unzureichende Eingriffsgeschwindigkeiten zu und ist daher für derartige Turbinen nicht zur Regelung der Energieaufnahme tauglich. Langfristige Sicherheitsstellungen des Rotors, z. B. in Richtung des Windes, sind allerdings möglich.

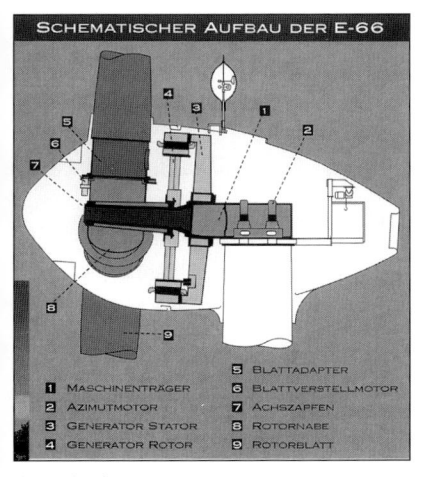

Aufbau und Komponenten von Windkraftanlagen

a) Turmkopf
b) Generator
Abb. 42: Getriebelose Windkraftanlage ENERCON E 66 mit elektrisch erregtem Synchrongenerator (66 m Rotordurchmesser, 1,5 MW Nennleistung)

4.2.3 Mechanisch-elektrische Energiewandlung (Getriebe, Generator, Umrichter)

Die mechanische Energie des Windrades mit seiner niedrigen Drehzahl von ca. 15 bis 20 Umdrehungen pro Minute (1/min) im MW-Bereich und etwa 100 bis 200 1/min im kW-Bereich) wird bisher meist von einem Generator (z.B. bei 1000 oder 1500 1/min) in elektrische Energie umgewandelt. Niedertourige Sondergeneratoren zum direkten Antrieb durch das Windrad (Abb. 42) konnten sich in den letzten Jahren auf dem Windkraftanlagenmarkt etablieren und gewinnen zunehmend an Bedeutung.

Die konsequente Durchsetzung dieser Konzeption brachte der Fa. Enercon die führende Position auf dem deutschen – dem weltweit größten nationalen – Markt. Allerdings waren beim Übergang von der 500-kW- zur 1,5-MW-Größe enorme Weiterentwicklungen (insbesondere im Materialbereich) notwendig, um den elektrisch erregten Generator auf fertigungs-, transport- und montagetechnisch handhabbare Durchmesser (ca. 6 m) zu bringen.

Zur Verringerung der Massen im Turmkopf kann der Generator, wie bei Vertikalachsenanlagen üblich, auch bei Horizontalachsenanlagen in den Turmfuß verlegt werden. Dabei sind Schwingungsbeanspruchungen, die möglicherweise durch lange Übertragungswellen hervorgerufen werden, besonders zu beachten. Derartig ausgeführte Anlagen haben momentan jedoch keine Relevanz.

Permanent erregte Synchrongeneratoren erlauben (im Vergleich zu elektrisch erregten Einheiten), höhere Polzahlen am Umfang der Maschine anzuordnen. Beim Einsatz sehr hochwertiger Permanentmagnetwerkstoffe (Neodym-Magnete) lassen sich somit kleine Baugrößen

Anlagentechnik

a) Turmkopf b) Generator

Abb. 43: Getriebelose Windkraftanlage Genesys 600 mit permanent erregtem Synchrongenerator (46 m Rotordurchmesser, 600 kW Nennleistung)

(Abb. 43) bei Generatoren und günstigere Wirkungsgrade – insbesondere im Teillastbereich – erzielen. Allerdings sind die Materialkosten für derartige Maschinen wesentlich höher. Da die Kosten zwischen konventionellen Materialien (Dynamobleche, Kupferleiter) und Magnetwerkstoffen sehr stark (um nahezu dem Faktor 10) differieren, müssen neu zu entwickelnde Auslegungsverfahren angewandt werden, um derartige Generatoren wirkungsgrad- und kostengünstig dimensionieren zu können.

Eine weitere Möglichkeit, die insbesondere für Großanlagen in Betracht gezogen wurde, ist in Abb. 44 dargestellt. Das einstufige Getriebe bringt die Welle des Generators auf etwa 100 Umdrehungen pro Minute. Auch bei großen Einheiten im 5-MW-Bereich kann der Generator somit in technisch günstigeren Baugrößen (ca. 2 m Durchmesser) gefertigt werden.

Zur Drehzahlanpassung werden meist Stirnrad- oder Planetengetriebe mit den entsprechenden Übersetzungsverhältnissen eingesetzt. Keil- und Zahnriemen sowie Kettenräder kommen vorwiegend bei kleineren Anlagen zur Drehzahlwandlung in Frage. Es müssen jedoch bei allen Ausführungen, trotz harter Laststöße durch Böen, eine hohe Lebensdauer und zudem ein günstiges Anlaufverhalten garantiert werden. Hierbei bieten getriebelose Varianten, die auch Drehzahlvariationen erlauben, erhebliche Vorteile.

Prinzipiell können elektrische Maschinen bei Zufuhr mechanischer Energie und Abgabe elektrischer Energie als Generator oder bei Zufuhr elektrischer Energie und Abgabe mechanischer Energie als Motor betrieben werden. Es handelt sich um mechanisch-elektrische bzw. elektromechanische Energiewandler. Demnach können Generatoren, falls dies erforderlich ist, auch zum Hochlauf von Turbinen eingesetzt werden. Dadurch lässt sich z. B. bei Anlagen ohne Blattverstellung auch bei kleinen Windgeschwindigkeiten eine Inbetriebnahme ermöglichen. Aerodynamisch sowie auch motorisch in Rotation versetzte Blätter erreichen anliegende Strömungsverhältnisse und somit Leistungsabgabebetrieb. Für diese Inbetriebnahme müssen allerdings die Einschaltvorrichtung bzw. vorhandene Stromrichter ausgelegt sein.

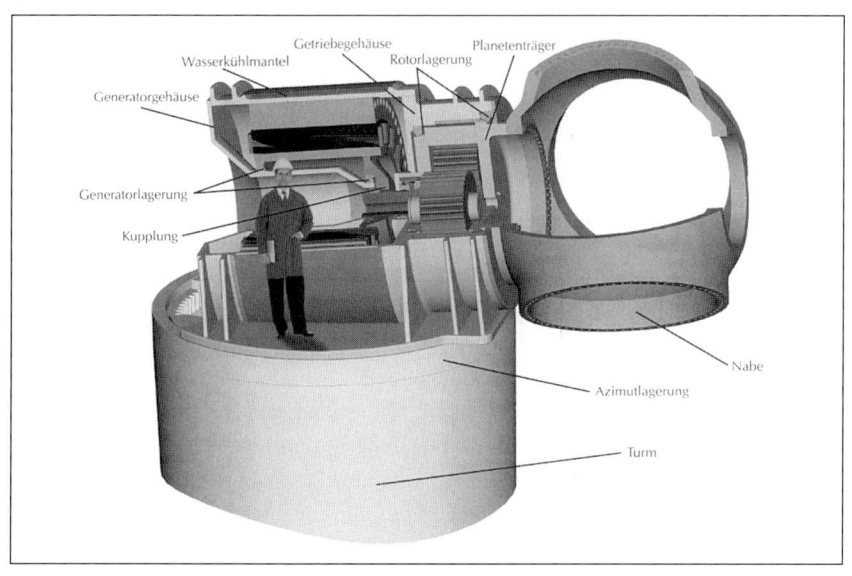

Abb. 44: Großanlage Multibrid N 5000 (5 MW, Aerodyn) mit einstufigem Getriebe und niedertourigem Generator

Bei den hauptsächlich eingesetzten Generatorbauarten kann unterschieden werden zwischen

- Gleichstrom- und
- Drehstromgeneratoren.

Gleichstromgeneratoren bestehen meist aus zwei elektrischen Kreisen, einem feststehenden Erregerkreis im Stator und einem rotierenden Ankerkreis (Läufer). Der Aufbau eines magnetischen Statorfeldes (Erregung der Maschine) erfolgt i. Allg. mit Hilfe eines Stromes in der sog. Erregerwicklung. Bei Drehung einer Spule in diesem Magnetfeld entsteht grundsätzlich eine Wechselspannung. Zur Erzeugung von Gleichspannung ist deshalb eine Umschaltvorrichtung zur Umpolung des Ankerstromes mit Hilfe eines Kommutators notwendig. Mit ihm sind allerdings entscheidende Nachteile verbunden. Insbesondere erhöhter Wartungsaufwand und schlechtes Anlaufverhalten durch die Reibung der Kohlebürsten müssen in Kauf genommen werden. Neben den konstruktiven Gegebenheiten des Generators haben Erregerstrom, Ankerdrehzahl und die Lastverhältnisse[3] Einfluss auf die Höhe der erzeugten Spannung. Sie kann jedoch relativ einfach durch Variation des Erregerstromes auf einen gewünschten Wert geregelt bzw. konstant gehalten werden. Der Erregerstrom kann dem vom Windrad angetriebenen Anker des Generators (Selbsterregung) oder fremden Spannungsquellen wie z. B. Batterien (Fremderregung) entnommen werden. Dies

---

3 Durch Verbraucher verursachte Lastschwankungen sowie durch variierende Windgeschwindigkeiten hervorgerufene Laständerungen im Generator

bestimmt die Art und das Verhalten der Maschine und die Drehmoment-Drehzahl-Charakteristik [34].

Zur Gleichstromerzeugung werden heute kaum noch Gleichstrommaschinen eingesetzt. Drehstromgeneratoren mit Gleichrichterbrücken, wie z.B. Drehstromlichtmaschinen in Fahrzeugen, sind einfacher aufgebaut, robuster und wartungsfreundlicher.

Mit **Drehstromgeneratoren** wird elektrische Energie vorzugsweise in nahezu allen Leistungsbereichen erzeugt. Man unterscheidet dabei zwischen Synchron- und Asynchrongeneratoren. Drehstromgeneratoren benötigen im Gegensatz zu Gleichstromgeneratoren ein rotierendes Magnetfeld (Drehfeld). Dies kann z.B. durch Drehung von Permanentmagneten oder durch rotierende Erregerwicklungen mit Stromzuführung über Bürsten und Schleifringe erfolgen. Derartige Drehfelder erzeugen in feststehenden Statorwicklungen elektrische Spannungen mit einer der Drehfeld-Drehzahl synchronen Frequenz. Bei solchen Synchronmaschinen werden drei (oder ganzzahlig Vielfache) um 120° elektrisch versetzte Spulen angeordnet. In ihnen werden somit auch drei um 120° elektrisch phasenverschobene Spannungen, sog. Dreiphasen-Drehspannungen, erzeugt. Deren Betrag ist – ähnlich wie bei den Gleichstromgeneratoren – von der Konstruktion des Generators, der Drehfeld-Drehzahl, der Erregung und von den Lastverhältnissen abhängig und lässt sich im Insel- oder Alleinbetrieb durch Erregungsänderungen regeln. Bei einem Betrieb am öffentlichen Versorgungsnetz werden von diesem Spannung und Drehzahl (entsprechend der Frequenz) fest vorgegeben. Abb. 45 zeigt in einer Übersicht die wesentlichen Energiewandlersysteme und gibt ihre charakteristischen Betriebsbereiche sowie grundlegende Eigenschaften wieder.

Synchrongeneratoren werden hauptsächlich in Stromerzeugungsanlagen (Kraftwerken, Dieselstationen, Notstromaggregaten) eingesetzt und mit Fremd- oder bei bürstenlosen Maschinen mit Selbsterregung ausgeführt. Neben der Art der Erregung (elektrisch oder permanent-magnetisch) bestimmt auch die Art des Betriebes (Netz- oder Inselbetrieb des Generators) den Aufbau und die Regelungsmöglichkeiten einer Windkraftanlage.

Direkt mit dem Netz gekoppelte Synchrongeneratoren (Abb. 45g) konnten sich in Windkraftanlagen aufgrund ihres drehzahlstarren Verhaltens und den daraus resultierenden hohen Belastungen im Triebstrang etc. bisher nicht durchsetzen.

In Verbindung mit Umrichtereinheiten, die in der Lage sind, Drehstrom variabler Frequenz und Spannung über einen Gleichrichter (Abb. 45h), Gleichstromzwischenkreis und Wechselrichter (Abb. 45i bis l) an die Netzgegebenheiten mit konstanter bzw. nahezu gleichbleibender Frequenz und Spannung anzupassen, gewinnen Synchronmaschinen zunehmend an Bedeutung. Dabei lassen sich ihre netzbildenden Eigenschaften mit einstellbarer Spannung und Frequenz für den Umrichter nutzen. Umrichtersysteme werden aus Bauelementen der Leistungselektronik, hauptsächlich Thyristoren bzw. Transistoren oder deren Sonderbauformen wie GTO[4], IGBT[5] etc. aufgebaut. Sie verursachen i. Allg. Netzeinwirkungen meist durch Oberschwingungen, d. h. der Netzfrequenz überlagerte Spannungen und Ströme. Durch den Bauaufwand (Anzahl der Thyristoren) bzw. die Anzahl der Schaltvorgänge (Taktfrequenz der Transistoren und IGBT) werden der Wirkungsgrad sowie die Auswirkungen auf das Netz und die Verbraucher bestimmt. Dabei wurde seit etwa 1993 der Übergang von der Thyristortechnik zur IGBT-Anwendung (insbesondere im MW-Bereich) durch die Windenergietechnik wesentlich mit getragen. Hiermit konnten die Netzanschlüsse deutlich verträglicher gestaltet werden.

Wird im Gegensatz zu rotierenden Permanent- oder Elektromagneten eine Dreiphasen-Drehstromwicklung im Stator einer Maschine durch Netzeinspeisung mit Drehstrom durchflossen, entsteht ebenfalls ein rotierendes Magnetfeld. Dieses Drehfeld erzeugt in den Leitern des Läufers einer Maschine Ströme. Läufer mit kurzgeschlossenen Leitern werden Kurzschluss- oder (aufgrund ihrer Bauform) Käfigläufer genannt. Die Ströme im Läufer haben eine Frequenz entsprechend der Differenz zwischen mechanischer Läufer-Drehzahl und durch das Netz vorgegebener Drehfeld-Drehzahl[6]. Diese Ströme rufen im Läufer ein Drehmoment in der Richtung des Drehfeldes hervor. Der Läufer einer derartigen **Asynchronmaschine** kann also dem Drehfeld nicht voll folgen: sie läuft asynchron. Treibt man diese vom Netz mit konstanter Spannung und Frequenz gespeiste Asynchronmaschine z. B. durch ein Windrad über die Synchrondrehzahl hinaus an, so wird sie zum Asynchrongenerator: Sie gibt elektrische Leistung an das Netz ab. Asynchronmotoren sowie Asynchrongeneratoren benötigen zum Aufbau ihres magnetischen Drehfeldes bzw. zu ihrer elektromagnetischen Erregung induktive Blindleistung, die aus dem Netz bzw. aus Kondensatorbatterien entnommen werden kann.

Kleine und mittlere Windenergieanlagen werden entsprechend Abb. 45a) im Netzbetrieb fast ausschließlich mit Asynchronmaschinen bestückt. Weltweit sind dies ca. 95 %. Im deutschen „250-MW-Wind"-Programm werden hingegen nur etwas mehr als 70 % der Windkraftanlagen mit Asynchrongeneratoren ausgerüstet. Der besonders günstige Anschaffungspreis, speziell für kleine Generatoren und die nachgiebige Drehzahl-Leistungscharakteristik begünstigen ihren Einsatz. Große Asynchrongeneratoren haben dagegen ein fast ebenso „starres" Drehzahl-Verhalten wie Synchrongeneratoren. Der relativ kleine Schlupf von 0,5 bis 1 % reicht jedoch aus, Leistungsänderungen zu mindern und Schwingungsanregungen zu dämpfen.

Zwischen Synchron- und Asynchron-Maschinen bestehen im MW-Bereich keine gravierenden Preisunterschiede mehr. Ferner wird bei größeren Einspeiseleistungen von den Energieversorgungsunternehmen eine Ausstattung mit Synchrongeneratoren bevorzugt, zumal

---

4 GTO: Gate-Turn-OFF-Thyristoren sind abschaltbare Thyristoren.
5 IGBT: Insulated-Gate-Bipolar-Transistoren ermöglichen schnelles Schalten mit sehr kleiner Steuerleistung.
6 Der sog. Schlupf ist die bezogene (dimensionslose) Größe von Drehfeld-Drehzahl minus mechanischer Läuferdrehzahl geteilt durch die Drehfeld-Drehzahl.

Anlagentechnik

Wandlersysteme mit Asynchrongeneratoren (ASG)	Wandlersysteme mit Synchrongeneratoren (SG)
a) Direkte Netzkopplung (Übliche Anlage für Netzbetrieb) $n = (1 - s)$ f/p $s \sim 0...0,08$ (leistungsabhängig) Induktiver Blindleistungsverbraucher	**g) Direkte Netzkopplung** (Übliche Anlage für Alleinbetrieb) $n = f/p$ Regelbare Blindleistungsabgabe
b) Netzkopplung über Gleichstromzwischenkreis 1) mit Thyristorumrichter 2) mit Pulswechselrichter $n \sim 0,8 ... 1,2$ f/p (regelbar) 1) Induktiver Blindleistungsverbraucher 2) Regelbare Blindleistungsabgabe	**h) Kopplung mit Gleichstromnetz** $n \sim 0,5 ... 1,2\, n\, N$
c) Netzkopplung über Direktumrichter $n \sim 0,8 ... 1,2$ f/p (regelbar) Induktiver Blindleistungsverbraucher	**i) Netzkopplung mit Gleichstromzwischenkreis** 1) mit Thyristorumrichter 2) mit Pulswechselrichter $N \sim 0,5 ... 1,2$ f/p (regelbar) 1) Induktiver Blindleistungsverbraucher 2) Regelbare Blindleistungsabgabe
d) Dynamische Schlupfregelung $n = (1 - s)$ f/p $s \sim 0...0,1 ... (0,3)$ (Leistungsabhängig, dynamisch) Induktiver Blindleistungsverbraucher	**j) Netzkopplung mit Gleichstromzwischenkreis** 1) mit Thyristorumrichter 2) mit Pulswechselrichter $n \sim 0,5 ... 1,2$ f/p (regelbar) 1) Induktiver Blindleistungsverbraucher 2) Regelbare Blindleistungsabgabe
e) Übersynchrone Stromrichterkaskade $n \sim 1 ... 1,3$ f/p (regelbar) Induktiver Blindleistungsverbraucher	**k) Netzkopplung über Gleichstromzwischenkreis** 1) mit Thyristorumrichter 2) mit Pulswechselrichter $n \sim 0,6 ... 1,2$ f/p (regelbar) 1) Induktiver Blindleistungsverbraucher 2) Regelbare Blindleistungsabgabe
f) Doppeltgespeister Asynchrongenerator mit Pulsumrichter $n \sim 0,8 ... 1,2$ f/p (regelbar) Regelbare Blindleistungsabgabe	**l) Netzkopplung über Direktumrichter** $n \sim 0,8 ... 1,2$ f/p (regelbar) (Teilweise) Blindleistungsverbraucher

Linke Spalte: Kurzschlußläufermaschinen (a–c), Schleifringläufermaschinen (d–f)
Rechte Spalte: Maschinen mit Erregereinheit (g–j), Permanenterregte Maschinen (k–l)

n = mechanische Drehzahl des Rotors
n_N = Nenndrehzahl
s = Generatorschlupf
f = elektrische Frequenz (50 Hz)
p = Polpaarzahl

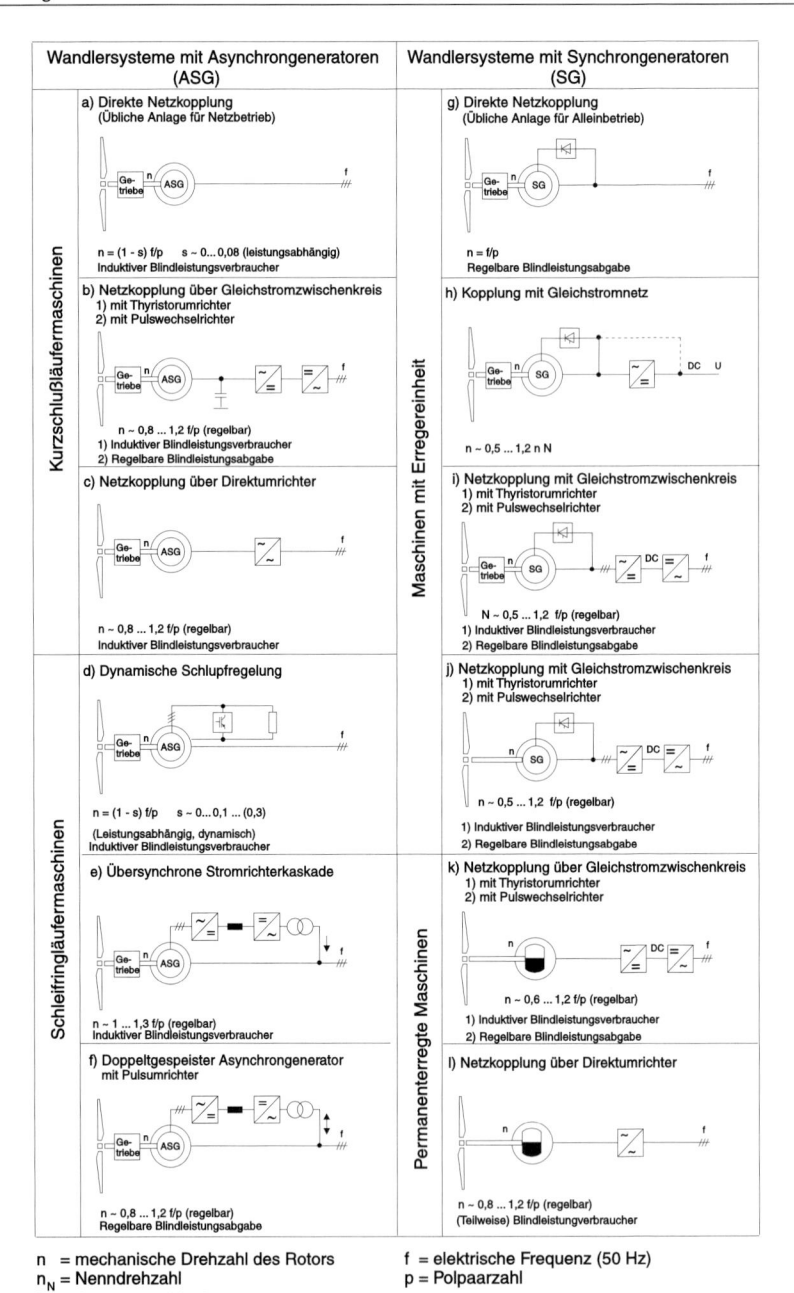

Abb. 45: Mechanisch-elektrische Energiewandlersysteme

dann über die Erregung eine Deckung des Blindleistungsbedarfs im Netzbetrieb möglich ist. Ihr Einsatz in Windkraftanlagen hat allerdings bei direkter Netzkopplung aufgrund der starken Turbinenleistungsschwankungen neben den hohen Belastungen meist auch zu erheblichen Schwingungsproblemen im Triebstrang geführt. Diese für Kraftwerke übliche Betriebsform blieb somit bisher stets auf Pilotprojekte beschränkt.

Eine drehzahlvariable Energieeinspeisung ist über Umrichter (Abb. 45b, c) oder durch Verwendung von doppeltgespeisten Asynchrongeneratoren entsprechend Abb. 45f (in den Läufern wird zusätzlich über Schleifringe niederfrequenter Wechselstrom eingespeist) auch im Netzbetrieb möglich (s. auch Kap. 5.2). Weiterhin können läuferseitig entnommene Schlupfenergieanteile in Wärme umgesetzt (Abb. 45d) oder in das Netz zurückgespeist werden (Abb. 45e).

Periodische Anregungen im Windradbetrieb, z. B. durch Turmschatteneinflüsse, können zu Schwingungen im gesamten Aufbau führen. Der Triebstrang mit Wellen, Kupplungen, Getriebe und Generator muss deshalb so ausgelegt sein, dass Pendelungen im System vermieden bzw. ausreichend gedämpft werden. Steifigkeit und Dämpfungsverhalten sowie die Schwungmassen der mechanischen Komponenten vom Windrad bis zum Generator müssen daher aufeinander abgestimmt sein.

4.2.4 Windrichtungsnachführung

Im Gegensatz zur Vertikalachsenausführung müssen Horizontalachsenanlagen der Windrichtung nachgeführt werden. Kleine Anlagen bis zu einigen kW lassen sich z. B. durch Windfahnen steuern. Viele Leeläufer im kleinen und mittleren Leistungsbereich werden dagegen passiv, d. h. durch Windkräfte am Rotor mit ihrer Welle, in die Richtung des Windes gebracht. Die Nachführung von Luv- und z. T. auch von Leeläufern erfolgt bei mittleren Leistungseinheiten (bis in den 100-kW-Bereich) nur in Ausnahmefällen, wie z. B. im Insel- oder Alleinbetrieb, durch Seitenräder. Bei kleinen sowie mittelgroßen Anlagen im Netzbetrieb und bei großen Einheiten wird eine elektromotorische Nachführung bevorzugt. Hydraulikantriebe kommen nur bei Großanlagen zum Einsatz. Durch Windrichtungsänderungen hervorgerufene Drehbewegungen des Maschinenhauses werden über eine Bremse im Stellantrieb oder durch Backenbremsen im Nachführsystem abgebremst. Somit lassen sich Schäden in Nachführgetrieben vermeiden (s. Abb. 30 im Vordergrund).

4.2.5 Turm

Ein wesentlicher Faktor für die Energielieferung und somit auch für die Wirtschaftlichkeit einer Windkraftanlage ist die Naben- bzw. Turmhöhe, da die Windgeschwindigkeit entsprechend der Höhe über Grund ansteigt (s. Kapitel 2). Bei kleineren Anlagen spielen vor allem Hindernisse (Hügel, Häuser, Bäume etc.) eine große Rolle. Der Rotor sollte daher möglichst frei von derartigen Störeinflüssen in entsprechender Höhe angeordnet werden.

Bekannte Bauarten für Türme sind neben den ursprünglich bevorzugten Stahlgittermasten hauptsächlich Rohrkonstruktionen aus Beton oder Stahl. Rostfreie Legierungen kommen aus Kostengründen nur in Sonderfällen zum Einsatz. Momentan werden Stahlrohrtürme als Rund- oder Vieleckkonstruktionen sowie Schleuderbetonmasten in konischer Bauform bevorzugt. Aus Transportgründen werden diese meist in zwei bis vier Teilstücken mit Flansch- und vorbereiteten Kabelverbindungen ausgeführt. Betontürme in Schalkonstruktionen wurden bisher nur selten gebaut. Bei Großanlagen können diese jedoch aus Masse- und Transportgründen erheblich an Bedeutung gewinnen. Schlanke Rohrtürme in zylindrischer oder konischer Bauform (auch mit Seilabspannung) beeinträchtigen das visuelle Erscheinungsbild einer Windenergieanlage in der Landschaft wenig. Auch die Luftströmung (Turmschatten- bzw. Turmstaueffekte!) wird nur wenig beeinflusst. Derartige Türme neigen allerdings zu Schwingungen. Durch entsprechende Wahl der Eigenfrequenz von Rotor und Turm lassen sich diese aber beherrschen.

4.3 Sicherheitssystem und Überwachungseinrichtungen

Neben den üblichen Anlagen-, Regelungs- und Betriebsführungskomponenten, die im folgenden Kapitel behandelt werden, sind weitere Überwachungs- und Sicherheitssysteme bei der Führung und Sicherung der Anlage zu berücksichtigen. Diese können sich aus anlagen-, netz- oder standortspezifischen Erfordernissen ergeben. Dazu gehören Mess- und Überwachungssysteme für Temperatur, Druck, Feuchte, Beschleunigung, Schwingung, Spannung, etc. Weiterhin sind Einrichtungen zur Beleuchtung im Turm, Maschinenhaus und der Netzstation sowie eine automatische Kabelentdrillung und die Flugbefeuerung in Betracht zu ziehen. Darüber hinaus sind Maßnahmen gegen Blitzschlag und sonstige extreme Einwirkungen wie Erdbeben, Tornados etc. zu berücksichtigen. Anforderungen und Ausführungshinweise für Sicherheitssysteme sind in [42] ausgeführt.

4.3.1 Schutzeinrichtungen

Beim Betrieb der Anlage dürfen Grenzwerte der Drehzahl, Leistung, Windgeschwindigkeit sowie zulässige Verzögerungs- und Kurzschlussmomente bzw. Schwingungen etc. nicht überschritten werden. Weiterhin wird in allen Betriebszuständen unter anderem Öldruck und Temperatur in Getriebe und Generator sowie in Stelleinrichtungen etc. von der Betriebsführung überwacht und der Netzzustand kontinuierlich überprüft. Aerodynamische mechanische sowie elektrische Bremssysteme dienen zum Schutz vor Überdrehzahl und zum Stillsetzen des Rotors (Kapitel 4.2.2).

Bei Spannungs- und Frequenzabweichungen, die z. B. 10 % bzw. 5 % der Sollwerte überschreiten, wird die Anlage vom Netz getrennt, um ungewollten Inselbetrieb in Netzzweigen zu vermeiden. In den Mess- und Regelkreisen, am Generator sowie an Versorgungseinrichtungen etc. wird die Anlage durch Fein- bzw. leistungsfähige Grobschutzeinrichtungen vo

Schäden geschützt, die durch Spannungsüberhöhungen am Generator oder durch direkten bzw. indirekten Blitzeinschlag verursacht werden.

Direkte Blitzeinschläge haben meist große Schäden zur Folge. Speziell für die Blitzstromführung ausgelegte Ableiter in den Rotorblättern mit Übergängen zur Welle und zum Turm sowie ein wirkungsvoller (niederohmiger) Fundamenterder ermöglichen eine Schadensbegrenzung. Dazu werden z. B. Metallkappen an den Blattspitzen und großflächige Kupfergewebe unter der Blattoberfläche angebracht, um Blitzströme ohne große Schäden abzuleiten.

Um die Anlage vor starken Erschütterungen und Auslenkungen mit großen Amplituden im Turmkopf, vor Unwuchten im Rotorsystem und Ähnlichem zu schützen, wird eine schwingungstechnische Überwachung des Maschinenhauses in Längs- und Querrichtung durchgeführt. Bei Überschreiten von Grenzwerten wird die Turbine stillgesetzt.

Sicherheitsrelevante Störungen müssen zur Stillsetzung der Anlage führen. Eine Wiederinbetriebnahme setzt die Durchführung einer erforderlichen Reparatur bzw. die Behebung der Störursache und ihre Quittierung durch die Anwesenheit einer sachkundigen Person voraus. Mögliche Folgeschäden hohen Ausmaßes, die durch Weiterbetrieb schadhafter Komponenten entstehen können, werden dadurch ausgeschlossen.

4.3.2 Fernüberwachung

Windkraftanlagen werden im allgemeinen außerhalb von Ortschaften und vom Betreiber entfernt aufgebaut. Eine visuelle Überwachung ist somit meist nicht möglich. Um die Ausfallzeiten von Windkraftanlagen kurz zu halten, sind Systeme zur Ferndiagnose erforderlich. Dazu sind geeignete Mess-, Übertragungs- und Überwachungseinrichtungen für Einzelanlagen und Windparks notwendig.

Die aufgenommenen analogen und digitalen Daten können die Anlagenzustände sowie Netz- und Meteorologiewerte wie Leistung, Drehzahl, Turbinenposition, Temperatur etc. beinhalten. Um fehlerfreie Übertragungen zu gewährleisten, werden die Daten aufbereitet, in Informationsblöcke unterteilt, mit Fehlersicherung und Fehlerkorrektur versehen sowie blockweise übertragen.

Die aufgenommenen Daten können sowohl zur Regelung und Betriebsführung als auch für die Fehlerüberprüfung sowie zur statischen Auswertung durch Betreiber, Servicestellen und Hersteller verwendet werden. Somit können Fehler sofort gemeldet sowie Service- und Reparaturarbeiten gezielt eingeleitet werden. Ausfallzeiten lassen sich dadurch kurz halten. Bei der Systemauswahl sollten neben den Kosten- und Sicherheitsaspekten auch Erweiterungsmöglichkeiten z. B. im Hinblick auf eine Fehlerfrüherkennung eine entscheidende Rolle spielen.

4.3.3 Fehlerfrüherkennung

Die Fehlerfrüherkennung gewinnt in der Qualitätssicherung und Betriebsüberwachung technischer Anlagen und Geräte zunehmend an Bedeutung. Durch die Auswertung und Überwachung von relevanten Messsignalen einer Windkraftanlage können bereits Anzeichen von Fehlern festgestellt werden, bevor optische, schwingungstechnische oder akustische Veränderungen offensichtlich werden und gravierende Schäden an Teilkomponenten oder am Gesamtsystem auftreten. Dadurch lassen sich Sekundärschäden vermeiden, Folgekosten in ihrem Ausmaß wesentlich verringern, Wartungsintervalle dem Zustand der Anlagen anpassen, notwendige Reparaturarbeiten bereits im Vorfeld planen und auch aus Sicherheitsgründen möglichst in windstillen Zeiten ausführen. Ein derartiges System erlaubt weiterhin Fernüberwachungen und Ferndiagnosen durchzuführen. Somit können die Ausfallzeiten verkürzt, die Sicherheit, Zuverlässigkeit und Wirtschaftlichkeit verbessert und die Lebensdauer der Anlagen erhöht werden.

Die häufigsten Störungsursachen, die in [10] detailliert aufgeschlüsselt sind, werden durch Bauteildefekte und die Anlagenregelung hervorgerufen. Äußere Einwirkungen durch Sturmfolgen, Blitzeinschlag und Netzausfall sowie anlagenbedingte Auswirkungen durch Bauteillockerung sind weiterhin zu nennen. Wesentliche Ursachen für Fehler bei den mechanischen Komponenten einer Windkraftanlage sind durch die Ermüdung von Materialien sowie Abnutzung und Lockerung von Bauteilen gegeben. Dabei zu beobachtende Veränderungen z.B. in ihrem Schwingungsverhalten lassen sich im allgemeinen schon in einem relativ unkritischen Vorstadium erkennen. Somit ist es möglich, zu erwartenden Störungen bereits im Vorfeld zu begegnen.

Bei Fehlerfrüherkennungssystemen werden relevante Messsignale kontinuierlich erfasst und im Hinblick auf fehlerbezogene Merkmale insbesondere mit Hilfe von Spektralanalyseverfahren ausgewertet [43]. Dabei wird weitestgehend auf aussagekräftige Messgrößen zurückgegriffen, die ohnehin im laufenden Betrieb zur Verfügung stehen. Zustandsbezogene sowie fehlerrelevante Informationen können z.B. aus der elektrischen Leistung, den Generatorströmen, der Anlagendrehzahl und der Beschleunigung von Schwingungsüberwachungssystemen abgeleitet werden. Weiterhin lassen sich Körperschall- sowie möglicherweise auch Luftschallmessungen für Fehlerfrüherkennungen heranziehen.

Bei genauer Kenntnis des Anlagenverhaltens im Normalbetrieb und in Fehlerzuständen ist es somit möglich, eine detaillierte Diagnose zum aktuellen Anlagenzustand zu geben und notwendige Maßnahmen zur Fehlererkennung einzuleiten [44 bis 52]. Bei modernen Windkraftanlagen höherer Leistung ist in naher Zukunft zu erwarten, dass Fehlerfrüherkennungssysteme einen festen Bestandteil der Betriebsüberwachung bilden.

4.4 Entwicklungstendenzen

Seit dem ersten Windenergieboom Mitte der achtziger Jahre in Kalifornien ist ein Trend zu größeren Anlagen deutlich geworden. Dieser hat sich ab etwa 1990 wesentlich verstärkt fortgesetzt. Dabei konnten sich trotz steigender Festigkeitsanforderungen bis zur Megawattklasse sogenannte „robuste Konzepte" mit stallgeregelten Turbinen, Getriebe, Asynchrongenerator und direkter (starrer) Netzkopplung stark am Markt behaupten. Die Zeit um die Jahrtausendwende wird in hohem Maße von (Multi-Megawatt-)Großanlagen-Entwicklungen geprägt. Bei den momentan angebotenen Megawattsystemen und insbesondere bei den Neuentwicklungen der Zwei-bis-fünf-Megawattklasse ist jedoch ein deutlicher Trend zu blattwinkelgeregelten Einheiten mit drehzahlvariablen oder zumindest drehzahlelastischen Energiewandlungskonzepten zu verzeichnen. Dabei werden von vielen Herstellern doppeltgespeiste Asynchrongeneratoren favorisiert. Elektrisch und permanent erregte Synchrongeneratoren in getriebeloser Ausführung mit Umrichtersystemen bilden eine weitere, erfolgreiche Entwicklungslinie. Sie bietet noch enorme Entwicklungspotentiale.

Im Hinblick auf weitere Anlagenvergrößerungen stehen Verbesserungen von Wirkungsgraden, Fertigungs-, Transport- und Montage-Möglichkeiten insbesondere durch kleinere, kompaktere Bauweisen und Gewichtsreduzierungen im Vordergrund des Interesses. Dazu gehören z.B. spezielle Getriebe-, Generator- oder Umrichter-Entwicklungen mit dem Ziel, für einen wirtschaftlichen Durchbruch entscheidende Kostensenkungen zu erreichen. Weiterhin werden speziell für den Offshore-Einsatz geplante Windkraftanlagen im Zwei-Megawatt-Bereich entwickelt, die meist auf der 1,5-MW-Klasse basieren. Offshore-spezifische Details sind z.B. Mittelspannungstrafo und Netzanschluss im Maschinenhaus (2 MW NEG Micon Offshore) bzw. zwei Kräne im Maschinenhaus sowie Turm-Plattform mit klimatisiertem Container für elektrische und elektronische Komponenten (2 MW TW 2.0 Tacke Offshore), um diese vor salzhaltiger Luft zu schützen und das Rotorkopfgewicht zu reduzieren [53].

Gleiches Ziel zur Gewichtseinsparung hat ein integriertes Generator-Getriebekonzept WINenergy 5000 (Loher/Flender). Eine deutliche Senkung der Investitionskosten steht im Vordergrund des Interesses der Hersteller und Betreiber. Einen Schritt in Richtung 1.000 DM pro kW elektrisch installierter Anlagenleistung geht Borsig-Energy. Die 2,5-MW-Turbine Nordex N80 soll bei etwa 1.200 DM pro kW liegen und somit einen enormen Sprung in der Wirtschaftlichkeit von Windkraftanlagen darstellen.

5 Betrieb und Regelung von Windkraftanlagen

Die Vorgänge bei der Betriebsführung und Regelung von Windenergieanlagen werden beim Vergleich mit der Arbeitsweise einer üblichen elektrischen Energieversorgungsanlage, z. B. einer Gasturbine oder einem Dieselaggregat (Abb. 46), besonders deutlich. Diese Aggregate erlauben mit ihrer Anlagenregelung, die Brennstoffzufuhr und damit den erforderlichen Betriebszustand einzustellen. Somit wird die Einspeiseleistung lang- und kurzfristig an die sich ändernden Verbraucherverhältnisse in dem maschinenbedingten Leistungsrahmen angeglichen.

Für Windenergieanlagen entfällt die Möglichkeit, auf das Primärenergieangebot, d. h. auf die Windstärke, Einfluss zu nehmen. Eine Veränderung der Leistung ist nur in Richtung geringeren Energieumsatzes möglich. Wird der gesamte Rotor aus dem Wind gedreht, dürfen Verstellvorgänge nur sehr langsam erfolgen. Wesentlich schneller arbeitet dagegen eine Blattverstelleinrichtung. Je nach Größe des Trägheitsmomentes der Blätter um die Längsachse und der durch Motor, Hydraulik etc. aufzubringenden Blattverstellmomente liegen die Verzögerungen im Sekundenbereich. Auch durch Drehzahlvariation lässt sich die Windradleistung verändern. Die Beeinflussung der Spannung bzw. Blindleistung ist bei geeignetem Generatortyp über die elektrische Erregung oder über den Umrichter möglich.

Konventionelle Kraftwerke werden z. B. in [54] bis [58] und [45] behandelt. Ihr Vergleich zu Windenergieanlagen lässt als Hauptproblem für den geregelten Betrieb das schwankende Primärenergieangebot erkennen. Zu unterscheiden sind dabei kurzzeitige, meist periodische Variationen von mittel- und langfristigen Schwankungen.

Kurzzeitige Fluktuationen (Böen) beeinflussen insbesondere die Anlagendynamik und können die Überbeanspruchung von Komponenten, negative Einwirkungen auf die Regeleigenschaften u.ä. zur Folge haben und Schwankungen der elektrischen Ausgangsgrößen (Spannung, Frequenz, Leistung) verursachen. Sie beeinträchtigen somit die Funktionstüchtigkeit der Anlage sowie den Einsatz und die Integrationsfähigkeit in bestehende Versorgungssysteme.

Mittel- und langfristige Schwankungen (im Bereich oberhalb von ca. einer Minute bis hin zu jahreszeitlichen Veränderungen) werfen Verfügbarkeitsfragen auf und führen zum generellen Problem der Energiebereithaltung bzw. -speicherung.

Für die Regelung eines Windenergiekonverters sind allein die kurzzeitigen Windgeschwindigkeitsänderungen von Bedeutung, während die Betriebsführung auch Variationen im mittelfristigen Bereich zu berücksichtigen hat. Von der Betriebsführung wird in Kombination mit der Anlagenregelung gefordert, dass sowohl den Eigenschaften und Bedingungen der Netze und Verbraucher als auch denen der Anlage selbst und ihrer Komponenten in ausreichendem Maße Rechnung getragen wird. Auf diese Anforderungen soll zunächst kurz eingegangen werden.

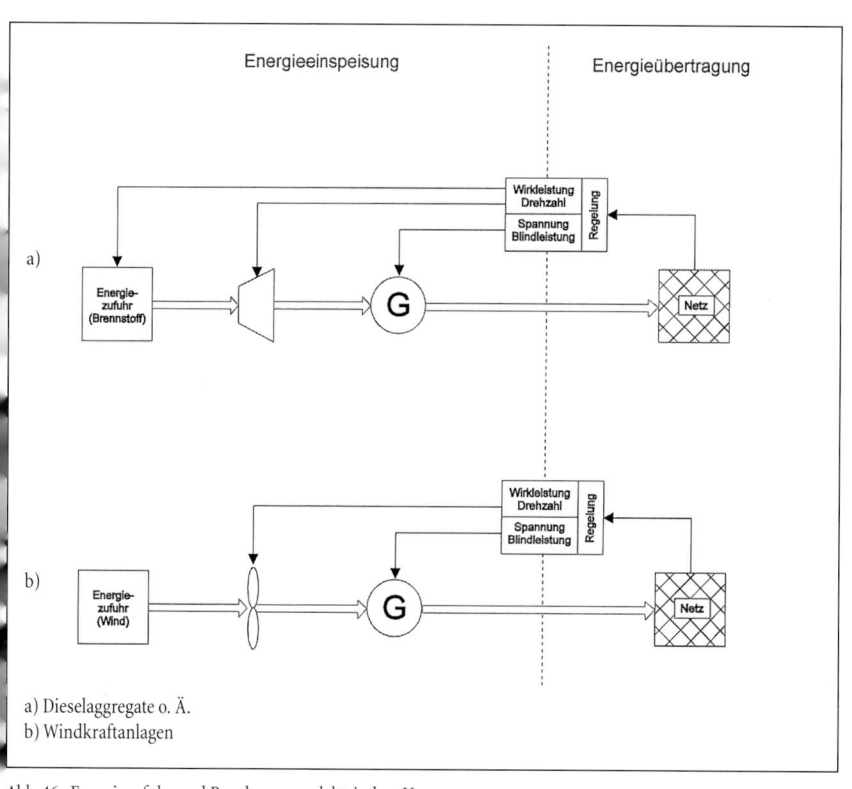

Abb. 46: Energiezufuhr und Regelung von elektrischen Versorgungssystemen

a) Dieselaggregate o. Ä.
b) Windkraftanlagen

5.1 Anforderungen

Die Regelung und die Betriebsführung einer Windenergieanlage muss interne Gegebenheiten (Eigenschaften der Baugruppen und deren Zusammenspiel) berücksichtigen sowie externen Vorgaben (Netzbetreiber- und Verbraucherwünsche, Bestimmungen für Netzparallelbetrieb) Rechnung tragen.

Durch die Betriebsführung werden über logische Verknüpfungen Entscheidungen gefällt. Dabei wird überwacht, ob Ablaufpläne befolgt, Grenzwerte eingehalten werden u.Ä. Die Regelung hingegen muss auf die Anlage zugeschnittene und von der Betriebsführung vorgegebene Werte einhalten. Dementsprechend ist sicherzustellen, dass Entscheidungen der Betriebsführung nicht direkt an die Stellglieder (z. B. die Blattverstelleinrichtung) der Anlage geleitet werden. Soweit es mit den Reaktionsgeschwindigkeiten zu vereinbaren ist, sollten Vorgaben der Betriebsführung über die Regelungseinheiten erfolgen. Damit wird bei Eingriffen der Komponenten- und der gesamten Anlagendynamik Rechnung getragen. Ausnahmen sollten nur aus sicherheitstechnischen Gesichtpunkten (Schnellabschaltvorgänge bei Störungen usw.) zugelassen werden.

Neben den üblichen Eigenschaften für Anlagen zur Energieumwandlung (hoher Wirkungsgrad, lange Lebensdauer, niedrige Kosten, Wartungsfreundlichkeit, Umweltverträglichkeit usw.) sind für den Betrieb von Windenergiekonvertern zusätzlich zu fordern:

- automatische Inbetriebnahme und selbsttätiges Stillsetzen in Abhängigkeit von den Wind-, Anlagen- und Netzgegebenheiten,
- sicherheitstechnische Überwachung der Anlagenkomponenten durch eine Betriebsführungseinheit mit Fernabfrage und Störungsmeldungen beim Betreiber bzw. Wartungsdienst,
- Möglichkeit zur Regelung von Anlagendrehzahl und elektrischer Ausgangsleistung,
- separater, von der Regelung unabhängiger Schutz zur schnellen Begrenzung der Leistungsaufnahme des Windrades bei zu großem Windenergieangebot,
- auf den Energieabnehmer abgestimmtes Verhalten aller elektrischen Anlagenteile in Hinblick auf Netzeinwirkungen u. ä.

Bei der Art der Anforderungen ist prinzipiell zwischen Insel- und Netzbetrieb zu unterscheiden. Im Inselbetrieb sind die rein anlagenspezifischen Gegebenheiten zu berücksichtigen. Darüber hinaus müssen die Ansprüche der Verbraucher einfließen, die jedoch nur auf den Einzelfall zugeschnitten genau definiert werden können. Einzuhalten sind grundsätzlich die einschlägigen elektrotechnischen Bestimmungen, insbesondere zum Schutz gegen Überspannungen etc. (VDE 0100 sowie IEC 364-1-41). Für den Netzbetrieb sind überdies die örtlich vorgegebenen Bedingungen für den Parallelbetrieb von Stromerzeugungsanlagen mit dem Netz, die so genannten „Technischen Anschlussbedingungen" (TAB) [59, 60], zu erfüllen.

5.2 Betriebsarten

Die Regelung einer Windenergieanlage stellt das Bindeglied zwischen der Betriebsführung und dem eigentlichen Windenergiekonverter bzw. dessen Komponenten dar. Sie muss insbesondere auf die dynamischen Eigenschaften und Belastungsmöglichkeiten der Anlagenkomponenten zugeschnitten sein, um die ihr zukommenden Anpassungsaufgaben erledigen zu können. Dabei sind insbesondere anlagenspezifische Verhaltensweisen von Teilsystemen zu berücksichtigen (z. B. Naben- und Generatorträgheit, Blattverstellmomente usw.).

Die zahlreichen Aufbauarten und Anwendungsmöglichkeiten von Windenergiekonvertern erfordern unterschiedliche Regelungskonzeptionen [29, 30, 61, 62, 63]. Eine Aufgliederung in **Insel-, Netz- und Verbundbetrieb** lässt die Zuordnung verschiedener Arten der Regelung zu und ermöglicht es, anwendungsbezogene Unterschiede herauszuarbeiten.

Dies ist erforderlich, um für den geplanten Einsatz einer Windkraftanlage die Anforderungen an die Systemkomponenten und Betriebsmöglichkeiten definieren zu können. Dazu lassen sich zahlreiche Kriterien heranziehen wie Gesamtwirkungsgrad der Anlage, Kosten, Auswirkungen auf das Netz, Betriebszuverlässigkeit, Einsatz von anlagenspezifischen oder bewährten, seriengefertigten Bauteilen usw.

5.3 Inselbetrieb von Windkraftanlagen

Der Windenergiekonverter ist im so genannten Inselbetrieb nicht mit einem elektrischen Versorgungsnetz verbunden, sondern er versorgt die angeschlossenen Verbraucher direkt. Zur mechanisch-elektrischen Energieumwandlung ist im Alleinbetrieb, d.h. bei einem Versorgungssystem mit nur einer Einspeiseeinheit, insbesondere der spannungsgeregelte Synchrongenerator (SG) geeignet. Der Einsatz eines Asynchrongenerators (ASG) erfordert bei gewünschter Spannungskonstanz die Bereitstellung von geregelter Erregerblindleistung. Die Ansprüche der Verbraucher an die maximale Schwankungsbreite von Spannung und Frequenz am Generator sowie durch Anlagenkomponenten vorgegebene Höchstdrehzahlen grenzen die Variationsmöglichkeiten ein und bestimmen die regelungstechnische Konzeption.

Als besondere Charakteristika für den Inselbetrieb können üblicherweise die Drehzahlregelung am Windrad und die Spannungsregelung am Generator angesehen werden. Hier sind im wesentlichen zwei Anwendungsgebiete zu berücksichtigen:
1. Versorgung einfacher elektrischer Verbraucher, die keine hohen Anforderungen an die Konstanz von Generatorfrequenz und -spannung stellen (z.B. Heizung), und
2. Versorgung von elektrischen Verbrauchern, zu deren sicherem Betrieb Frequenz und Spannung des Generators nur in einem kleinen Bereich schwanken (z.B. elektronische Geräte) dürfen.

5.3.1 Anlagen ohne Blattverstelleinrichtung

Für den Inselbetrieb kommen weit überwiegend Kleinanlagen zum Einsatz. Aufgrund des erheblichen Aufwands für eine regelbare Blattverstellung werden kleine Windturbinen meist mit feststehenden Blättern ausgeführt. Unterliegen die elektrischen Ausgangsgrößen keinen besonderen Anforderungen, so ist, wie in Abb. 47a dargestellt, der wohl einfachste Aufbau für den Inselbetrieb möglich. Als mechanisch-elektrischer Energiewandler wird normalerweise ein elektrisch selbst- oder permanenterregter Synchrongenerator eingesetzt. Bei dieser Anordnung variieren Spannung und Frequenz des Generators in Abhängigkeit von der Windgeschwindigkeit und Belastung. Es können einfache elektrische Verbraucher versorgt werden. Der Generator muss leistungsmäßig so ausgelegt sein, dass er bis zur Abschaltgeschwindigkeit (v_{ab}) die vom Wind angebotene Leistung verarbeiten kann. Durch eine mechanische Abschaltvorrichtung (z.B. Bremsklappenmechanismus an den Flügeln) lässt sich die Anlage oberhalb von der Abschaltgeschwindigkeit v_{ab} zu niedrigen Drehzahlen bringen.

In Abb. 47b ist ein System aufgezeigt, bei dem der Ausgangsstrom des Generators erst

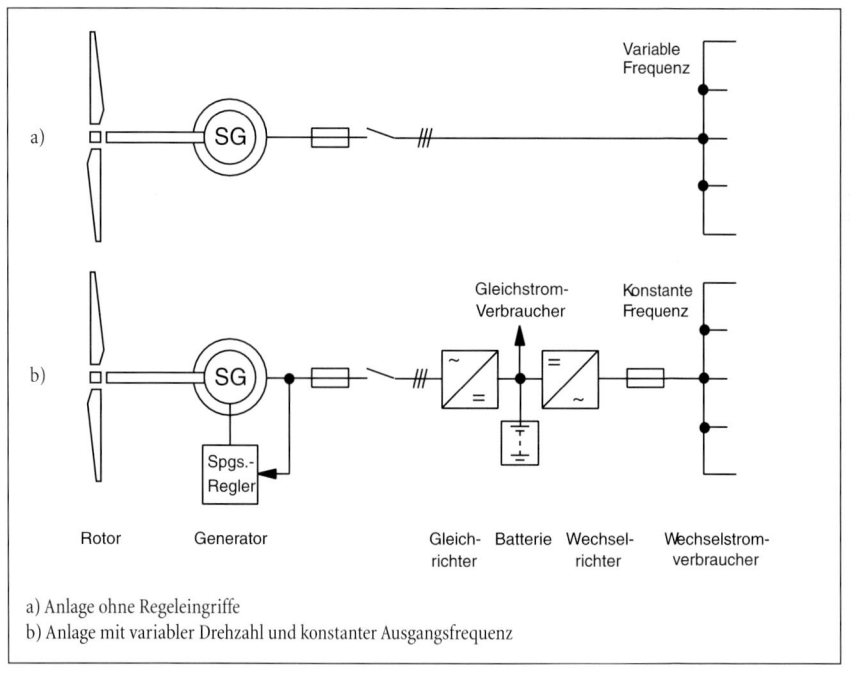

Abb. 47: Prinzipielle Regelungsverfahren für Windenergieanlagen ohne Blattverstelleinrichtung

a) Anlage ohne Regeleingriffe
b) Anlage mit variabler Drehzahl und konstanter Ausgangsfrequenz

gleichgerichtet und Gleichstromverbrauchern direkt zugeführt wird. Für anspruchsvolle Wechselstromverbraucher kann dann von einem selbstgeführten Wechselrichter ein Drehstrom konstanter Frequenz und Spannung geliefert werden.

Der wesentliche Nachteil vieler Anlagen mit festem Einstellwinkel ist, dass die maximal verwertbare Windgeschwindigkeit von der Größe des Generators und der jeweils angeschlossenen Verbraucherleistung abhängt. Da meist wesentlich geringere Windgeschwindigkeiten herrschen, werden derartige Anlagen aufgrund des überdimensionierten Generators fast immer im unteren Teillastbereich betrieben. Wird beim Betrieb der Anlage auch die Leistungsabnahme bei Böen etc. z.B. über zusätzliche Lasten (Dump loads) garantiert, so lässt sich die Windkraftanlage mit Hilfe des elektronisch geregelten Lastsystems aktiv in den sog. Stall führen und in ihrer Turbinenleistung regeln.

5.3.2 Anlagen mit Blattverstelleinrichtung

Je nach mechanischer Auslegung können Windkraftanlagen mit Blattverstellung – unabhängig von der aktuellen Verbraucherleistung – bis zu sehr hohen Windgeschwindigkeiten betrieben werden (Abb. 48). Ihr Anlaufverhalten lässt sich zudem durch die Blattstellung beeinflussen.

Ein Drehzahlregler bewirkt durch Veränderung des Blatteinstellwinkels, dass die Dreh-

a) mit Fliehkraftregler
b) mit elektrohydraulischer Drehzahlregelung

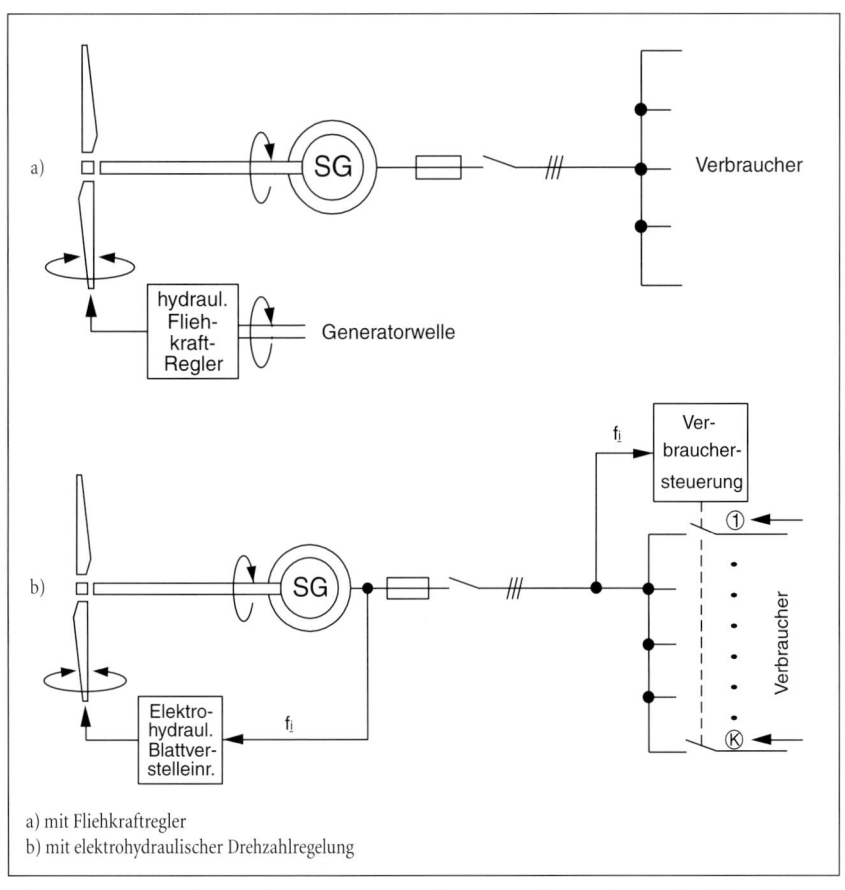

Abb. 48: Prinzipielle Regelungsverfahren für Windenergieanlagen mit regelbarem Blatteinstellwinkel und direkter wechselstromseitiger Verbraucherkopplung (f_i = Frequenz-Istwert, k = Anzahl der Verbraucher)

zahl bei genügend hoher Windgeschwindigkeit etwa konstant gehalten werden kann. Aus Gründen der Stabilität und zur Verminderung von Bauteilbelastungen ist es häufig empfehlenswert (zumindest bei größeren Anlagen), dem Drehzahlregelkreis noch einen Blattwinkel- und/oder einen Blattverstellgeschwindigkeits-Regelkreis zu unterlagern.

Eine einfache Ausführung zur Drehzahlregelung durch Variation des Blatteinstellwinkels kann durch den Einsatz eines hydraulischen oder mechanischen Fliehkraftreglers erreicht werden (Abb. 48a). Mit einer solchen Einrichtung lässt sich die Generatordrehzahl und somit die Frequenz in einem Bereich von ca. ± 10 % regeln. Dies ist für die Versorgung einer Vielzahl von robusten elektrischen Verbrauchern (z. B. einfachen Motoren, Kühlaggregaten usw.) ausreichend.

Eine deutliche Verbesserung des Regelungsverhaltens und der Frequenzkonstanz kann durch Verwendung einer elektrischen oder elektrohydraulischen Blattverstelleinrichtung realisiert werden. Hier sind hohe Blattverstellgeschwindigkeiten und (durch die Verwendung elektronischer Regler) eine exakte Anpassung der Regeldynamik an das Verhalten der Regelstrecken zu erreichen (Abb. 48b). Frequenzschwankungen können dann auf maximal ± 1 % begrenzt werden.

5.3.3 Anlagen mit Verbrauchersteuerung

Um den üblichen Anforderungen elektrisch anspruchsvoller Verbraucher entsprechen zu können, sind auch im Teillastbereich des Windenergiekonverters die Generatorspannung sowie die Frequenz und damit die Drehzahl nahezu konstant zu halten. Dazu muss die Belastung immer kleiner als die vom Wind angebotene Leistung sein. Hierzu müssen die zu versorgenden Verbraucher in Abhängigkeit der Frequenz zu- oder abgeschaltet werden (Abb. 48b). Allerdings braucht die abgenommene Leistung nicht kontinuierlich variierbar zu sein, sondern sie kann in Stufen, also über die Zu- und Abschaltung einzelner Verbraucher bzw. einzelner Verbrauchergruppen, verändert werden. Zu häufige Schaltvorgänge und die damit verbundenen Laststöße müssen jedoch vermieden werden.

5.4 Netzbetrieb von Windkraftanlagen

Die Windenergieanlage arbeitet an einem Wechselstromversorgungsnetz großer Leistung, das seinerseits nahezu konstante Frequenz und nur geringfügig schwankende Spannung hat. Andererseits unterliegt die Turbine lang- und kurzfristigen Windgeschwindigkeitsveränderungen sowie periodischen Einwirkungen z. B. durch Turmstau und Höhenprofil der Windgeschwindigkeit. Deren Auswirkungen auf die Ausgangsleistung der Windenergieanlage und auf die mechanische Belastung der Komponenten lässt sich je nach Anlagenaufbau und Regelungsverfahren beeinflussen. Es kann unterschieden werden zwischen Windenergiekonvertern, die mit nahezu gleichbleibender bzw. weitgehend konstanter Drehzahl arbeiten, und Anlagen, deren Rotordrehzahl variabel einstellbar ist.

5.4.1 Anlagen mit konstanter Drehzahl

Aus Gründen des einfachen Aufbaus einer Windenergieanlage ist insbesondere der Einsatz von permanent- oder elektrischerregten Synchron- bzw. Asynchrongeneratoren (s. Abb. 49) interessant. Die Drehzahl von Synchrongeneratoren, die bei den relativ niedrigen Turbinendrehzahlen auch ohne Getriebe direkt angetrieben werden können, entspricht exakt der Netzfrequenz. Die Rotation von Asynchrongeneratoren kann abhängig von der Belastung um die sogenannten Schlupfwerte variieren (s. auch Kap. 4.2.3). Um eine Überlastung zu vermeiden, muss die Leistungsaufnahme der Anlage über die Blattverstelleinrichtung oder durch Betrieb im Strömungsabriss begrenzt werden.

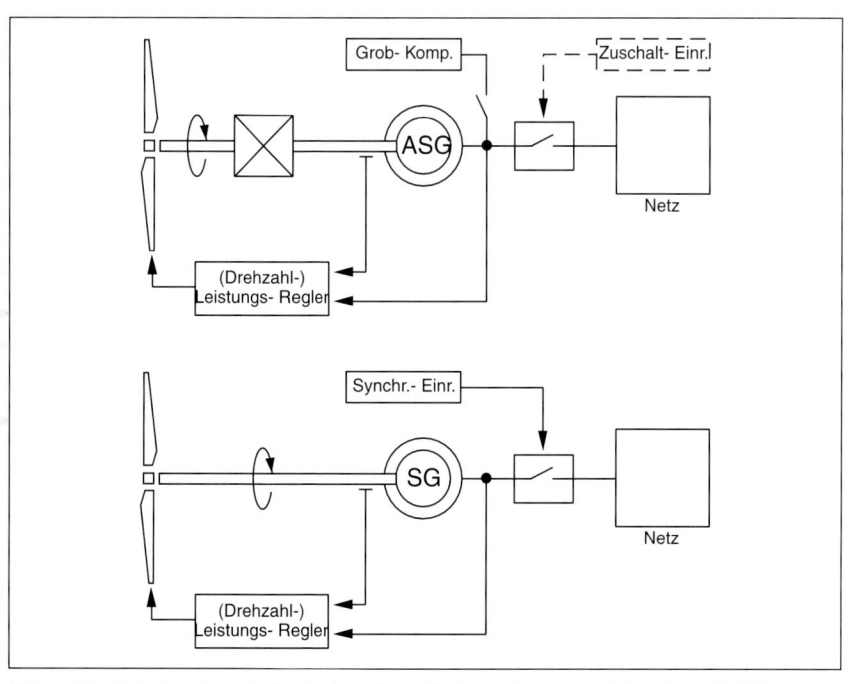

Abb. 49: Prinzipielle Anordnung für den Netzbetrieb von Windenergiekonvertern mit Asynchron- (ASG) bzw. Synchrongenerator (SG)

Bei der Aufschaltung von Asynchron- oder Synchronmaschinen auf das Netz entstehen je nach Drehzahl und Stellung des Rotors unterschiedliche Einschaltströme. Diese können zu hohen Drehmomentstößen führen und in ungünstigen Fällen gar Schäden verursachen. Die Netzverbindung muss daher durch sanfte Zuschalt- bzw. Synchronisationseinrichtungen übernommen werden.

Anlagen mit Blatteinstellwinkel-Regelung

Zur Beeinflussung der Leistungsaufnahme aus dem Wind kann nach der in Kapitel 5.3.2 beschriebenen Weise eine Regelung (z. B. durch hydraulische oder elektromotorische Verstellantriebe) erfolgen. Bei allen Anlagentypen sollte der notwendigen Leistungsregelung eine Drehzahlregelung so zugeordnet werden, dass sie beim An- und Abfahren, beim Synchronisieren, bei Störfällen usw. die Führung der Anlage übernimmt. Wie in Kapitel 4.2.3 erwähnt, hat der Generator wesentlichen Einfluss auf das Betriebsverhalten einer Windkraftanlage. Besondere Beachtung muss dabei großen Leistungsschwankungen und damit verbundenen Bauteilbeanspruchungen zukommen.

In Abhängigkeit vom Erregungszustand des Synchrongenerators und von der Windradleistung stellt sich ein bestimmter Winkel zwischen der vom Polrad induzierten und der vom Netz anliegenden Drehspannung am Stator ein. Das Antriebsmoment des Rotors muss kleiner gehalten werden als das durch die Erregung steuerbare Kippmoment der Synchronmaschine, da sonst die Rotordrehzahl nicht mehr der im Verbundbetrieb konstanten Netzfrequenz entspricht und der Generator außer Tritt fällt. Die Windradleistung wird praktisch verzögerungsfrei vom Synchrongenerator an das Verbundnetz abgegeben. Trotz einstellbarer Blindleistung konnte sich deshalb der Synchrongenerator bei direkter Netzkopplung von Windkraftanlagen nicht am Markt durchsetzen.

Der Einsatz sehr einfach aufgebauter und daher robuster Asynchrongeneratoren hat gegenüber der Verwendung von Synchrongeneratoren entscheidende Vorteile. Eine drehzahlstarre Kopplung mit dem Netz ist nicht gegeben. Leistungsabhängige Drehzahlvariation im Bereich der Schlupfwerte können z. B. Laststöße abbauen. Bei der Netzzuschaltung werden leistungselektronische Sanftanlaufschaltungen bevorzugt. Damit können auch Einschalt-Flicker klein gehalten werden (s. Abschnitt 6.1.1). Darüber hinaus lassen sich vor allem bei kleinen und mittleren Leistungen durch den Einsatz von Asynchrongeneratoren sehr preiswerte Lösungen erzielen. Weiterhin können Leistungsschwankungen und Bauteilbeanspruchungen durch besondere Auslegung des Generators mit erhöhtem Schlupfbereich vermindert werden, wobei allerdings im Betrieb geringfügig größere Verluste auftreten. Der wesentliche Nachteil bei Verwendung eines Asynchrongenerators besteht darin, dass im Gegensatz zur Synchronmaschine die zur Erregung notwendige induktive Blindleistung vom Netz oder einer Kompensationseinrichtung bereitgestellt werden muss. In den meisten Fällen ist eine feste Blindleistungskompensation ausreichend.

Anlagen mit Stall-Regelung (Leistungsbegrenzung durch Strömungsabriss an den Blättern)
Bei Windkraftanlagen bis zur MW-Klasse wenden die Hersteller (national und insbesondere international) überwiegend das Prinzip der sog. Stall-Regelung zur Begrenzung der Windradleistung an. Im Normalbetrieb herrscht an den Rotorblättern anliegende Strömung vor, was große Auftriebswerte und günstige aerodynamische Wirkungsgrade zur Folge hat. Nähert sich die Windgeschwindigkeit dem Wert, bei dem der Generator seine maximale Dauerleistung erreicht und eine weitere Drehmomenterhöhung des Rotors verhindert werden muss, gelangen die Blattprofile in den Bereich ihres Strömungsabrisses, den sog. Stallbetrieb (Abb. 50). Der Auftrieb sinkt und der Widerstand an den Rotorblättern steigt an, so dass sich der leistungsbildende Anteil vermindert. Dieser Vorgang geschieht passiv automatisch und ohne bewegliche Teile wie Blattverstellung o. Ä. und somit auch ohne Verzögerung. Allerdings muss bei derartigen Anordnungen die Stabilität der Flügel beim Wechselspiel von anliegender und abreißender Strömung am Blattprofil gewährleistet werden. Dies wird meist durch sehr massive Bauformen erzielt.

Netzbetrieb von Windkraftanlagen

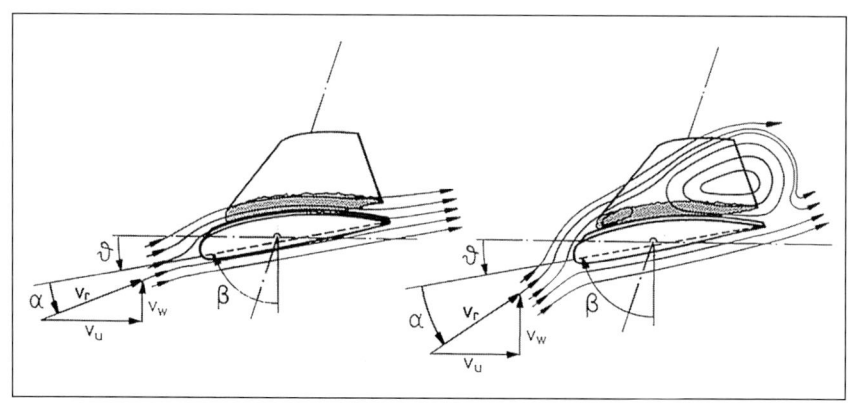

Abb. 50: Strömungsverhältnisse am Rotorblatt

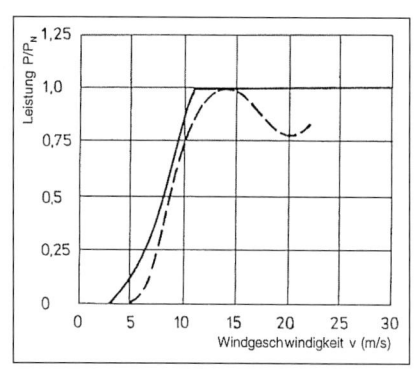

Abb. 51: Vergleich der Leistungscharakteristika zwischen blatteinstellwinkel- (—) und stallgeregelten (---) Anlagen mit Asynchrongeneratoren

Fast alle bekannten Anlagen dieser Art sind mit Asynchrongeneratoren ausgerüstet. Eine sichere Funktion derart geregelter Konverter ist allerdings nur gegeben, wenn das Windrad mit ausreichendem Drehmoment (Widerstandsmoment) durch den Generator in seiner Drehzahl am Netz gehalten werden kann. Die installierte Generatorleistung wird daher i. Allg. höher gewählt als bei blattwinkelgeregelten Anlagen.

Ein Vergleich der Leistungscharakteristika zwischen Blattwinkel- und stallgeregelten Anlagen ist in Abb. 51 dargestellt. Untersuchungen haben gezeigt, dass blattwinkelgeregelte Anlagen mit Asynchrongenerator und stallgeregelte Einheiten mit drehzahlvariablem Generatorsystem (Kap. 5.4.2) bereits relativ geringe Windgeschwindigkeiten (wie sie z. B. im Binnenland häufig vorkommen) zur Energielieferung nutzen können. Bei allen Anlagen überwacht ein Betriebsführungssystem das Netz und die Windenergianlage, es schaltet den Generator automatisch dem Netz zu, wenn die Betriebsdrehzahl erreicht ist.

5.4.2 Drehzahlvariable Anlagen

Bei fester mechanischer Kopplung zwischen Windrad und Generator kann auch bei Netzeinspeisung ein drehzahlvariabler Betrieb der Windenergieanlage zugelassen werden. Dabei sind eine Reihe von Vorteilen zu erreichen:

- Die Leistungswerte der Anlage lassen sich nach Abb. 52 durch Einstellen einer günstigen

Rotordrehzahl (innerhalb eines Arbeitsbereiches) gegenüber den Möglichkeiten beim netzstarren Betrieb von Synchron- und Asynchronmaschinen erhöhen [63].

- Die elektrische Ausgangsleistung kann bei Windgeschwindigkeitsschwankungen durch Drehzahlnachführung stark geglättet werden. Die großen rotierenden Massen von Windrad und Generatorläufer erfüllen die Funktion eines kurzzeitigen Schwungradspeichers.

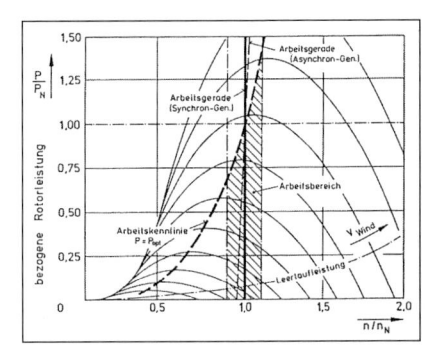

Abb. 52: Rotorleistung als Funktion der Drehzahl mit der Windgeschwindigkeit als Parameter

- Durch Ausweichen des Windrades zu höheren Drehzahlen bei Böen werden die dynamischen Belastungen vermindert und die Anlagenteile der mechanischen Energieübertragungsstrecke (Rotorblätter, Naben, Wellen, Kupplungen, Getriebe) entlastet.
- Zugelassene Drehzahlschwankungen erfordern weniger Eingriffe und geringere Geschwindigkeiten bei der Blattverstellung. Damit verbundene mechanische Belastungen können ebenfalls niedrig gehalten werden.

Hierfür einsetzbare Energiewandlersysteme werden im folgenden kurz erwähnt. Nähere Erläuterungen sind in [29, 30, 61] und [64] ausgeführt:

- Stall- sowie blattwinkelgeregelte Anlagen mit Getriebe oder meist mit direktem Turbinenantrieb und Synchrongenerator, die über gesteuerte Gleichrichter, Gleichstromzwischenkreis und netz- bzw. selbstgeführten Wechselrichter am Netz arbeiten, erreichen hervorragende Betriebsergebnisse (Abb. 45i, j, k). Sie werden vor allem von deutschen Herstellern bereits ab 30 kW bis in den MW-Bereich angeboten. Auch Anlagen im kleineren Leistungsbereichen sind zum Teil mit dieser Technologie verfügbar.
- Schleifringläufer-Asynchronmaschinen lassen über steuerbare Widerstände im Läuferkreis (Abb. 45d) oder mit Hilfe stromrichtergesteuerter Rückspeisung ins Netz (übersynchrone Stromrichterkaskade, Abb. 45e) Drehzahlvariationen zu. Diese können auch bei großen Generatoren wesentlich über den Schlupfbereich von Kurzschlussläufermaschinen (8 %) hinausführen. Derartige Anlagen konnten allerdings keine technische Relevanz erreichen, da eingesetzte Umrichter momentan von selbstgeführten IGBT-Systemen dominiert werden und mit weitgehend gleichem Aufwand an Leistungsbauelementen, aber wesentlich höherem Steuer- und Regelungsaufwand, die erheblich komfortablere (Drehzahlbereich, Phasenwinkel) doppeltgespeiste Asynchronmaschine zur Anwendung kommen kann.
- Die doppeltgespeiste Asynchronmaschine, kam bei den historisch sehr bedeutenden Anlagen der 3-MW-Klasse GROWIAN und MOD 5B bereits Anfang der achtziger Jahre zum Einsatz. Sie erlaubt hingegen für einen eingeschränkten Drehzahlbereich, der doppelt so

groß ist, wie bei der übersynchronen Stromrichterkaskade, völlige Drehzahl- bzw. Frequenzentkopplung vom Netz bei gleichzeitiger Möglichkeit zur Spannungs- bzw. Blindleistungsregelung. Dies wird durch drehfeldorientierte Speisung [29, 30, 64, 65, 66] des Schleifringrotors mit der Differenzfrequenz zwischen mechanischer Drehung des Läufers und elektrischer Rotation des Statorfeldes erreicht. Die Variationsbreite der Drehzahl – z.B. ± 30 % – wird wesentlich durch die Auslegung der Umrichter bestimmt.

Aus Gründen hoher Netzrückwirkungen und wesentlich höherer Kosten bei Schleifring- und doppeltgespeisten Asynchronmaschinen konnten sich diese Systeme bis vor wenigen Jahren nicht am Markt durchsetzen. Neue Entwicklungen in der Rechentechnik sowie in der Ansteuer- und Leistungselektronik erlauben allerdings einen kostengünstigen Einsatz von Frequenzumrichtern mit feldorientierter Speisung. Somit ermöglichen doppeltgespeiste Asynchronmaschinen weitgehend rückwirkungsfreie Energieeinspeisung bei gutem Wirkungsgrad. Darüber hinaus lässt sich – im Rahmen des Leistungsvermögens des netz- bzw. maschinenseitigen Umrichters – die Blindleistung regeln. Somit bietet dieses Wandlerkonzept nahezu ähnliche günstige Regelungsmöglichkeiten wie Synchronmaschinen mit Umrichtern, wobei wesentlich kleiner ausgeführte Umrichter (z.B. nur 30 % der Nennleistung) notwendig sind. Dies sind Gründe, weshalb momentan die meisten deutschen Hersteller vor allem bei Anlagen im MW-Bereich dieses Wandlerkonzept am Markt etablieren und somit eine gute Alternative zu getriebelosen Synchronmaschinensystemen bieten.

Durch die Entkopplung von Netzfrequenz und Drehzahl mit Hilfe dieser Energiewandlersysteme lässt sich die regelungstechnische Problemstellung weitgehend mit der beim Inselbetrieb vergleichen. Abb. 53 zeigt ein allgemeines Konzept zur Regelung einer drehzahlvariablen Anlage. Prinzipiell sind hier folgende Eingriffsmöglichkeiten gegeben:
1. Beeinflussung der Aufnahmeleistung durch Variation des Blatteinstellwinkels im oberen Regelkreis und
2. Veränderung der Abgabeleistung durch Regelung des elektrischen Generatormomentes (bzw. der Generatorleistung) im unteren Regelkreis.

Von der Betriebsführung werden im Normalbetrieb dem Leistungsregler z.B. die Nennleistung ($P_s = P_N$) und dem Drehzahlregler die Nenndrehzahl ($n_s = n_N$) als Sollwerte vorgegeben. Im Volllastbetrieb ist die Blattwinkelverstellung aktiv, so dass Drehzahl und Leistung sich auf die Nennwerte einregeln lassen. Um häufiges Blattverstellen zu vermeiden, kann der Drehzahlregler mit einem Unempfindlichkeitsbereich ausgestattet werden.

Erst wenn bei nicht ausreichender Windgeschwindigkeit der Einstellwinkel maximal geworden ist (es finden keine Regelvorgänge mehr über den Blattverstellmechanismus statt), arbeitet die Anlage im Teillastbereich, und die Drehzahlbeeinflussung wird über die Veränderung des Moments wirksam. Durch eine geringe Drehzahlverminderung (in der Nähe der optimalen Arbeitskennlinie P_{opt}) kann erreicht werden, dass sich die vom Windrad aufgenommene Leistung etwas erhöht.

Betrieb und Regelung von Windkraftanlagen

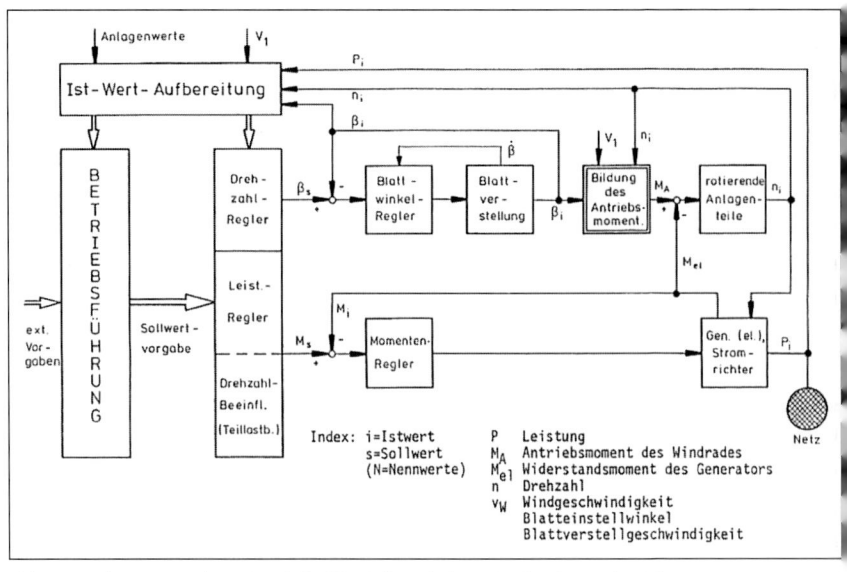

Abb. 53: Struktur zur Regelung einer drehzahlvariablen Windenergieanlage im Netzbetrieb

Weitergehende Ausführungen mit anlagenspezifischen Details, Konzeptionen zur Regelung und Möglichkeiten der Leistungsoptimierung sind in [29, 30, 61, 62] und [63] dargestellt.

6 Netzintegration und Verbund von Windkraftanlagen

Im Hinblick auf die Energieübergabe an elektrische Versorgungseinrichtungen sind Unterschiede zu beachten zwischen dem in Abschnitt 5.3 dargestellten Inselbetrieb und anderen Systemen mit begrenzten Einspeisemöglichkeiten, wie sie

- in schwachen Netzen gegeben sind und bei einem Betrieb im
- unbegrenzt aufnahmefähigen Verbund mit dem starren Netz.

Windkraftanlagen müssen in allen Einsatzbereichen einen sicheren Betrieb ermöglichen. Das so genannte starre Verbundnetz mit Kraftwerken im 1.000-MW-Bereich kann aufgrund seines sehr hohen Leistungsvermögens gegenüber den Nennwerten angeschlossener Verbraucher als unendlich ergiebige Wirk- und Blindstromquelle und für relativ kleine einspeisende Energieversorgungseinrichtungen, die Windkraftanlagen auch im 1-MW-Bereich i. Allg. darstellen, als unbegrenzt aufnahmefähige Senke mit konstanter Spannung und Frequenz betrachtet werden.

Im Gegensatz zu thermischen Kraftwerken werden Windturbinen meist an entlegenen Stellen mit begrenzten Einspeisemöglichkeiten errichtet. Dadurch ist vielfach eine schwache Netzanbindung über z.T. lange Stichleitungen anzutreffen. Bei großen Windkraftanlagen und Windparks kann somit die Einspeiseleistung durchaus in die Größenordnung oder gar in die Nähe der Netzübertragungsleistung gelangen, so dass gegenseitige Einflüsse Berücksichtigung finden müssen.

Die gestellten Anforderungen sowie die notwendigen Einrichtungen zum Netzanschluss von Windkraftanlagen sind aus Gründen der Übersicht in vereinfachter Form an Hand von Tabelle 1 dargestellt [29, 30].

Im Hinblick auf die notwendige Instrumentierung von Schalttafeln und Führungseinheiten müssen die spezifischen Forderungen von Energieversorgungsunternehmen Berücksichtigung finden. Diese werden i. Allg. von den Anlagenherstellern eingehalten, da sie bestrebt sind, standortspezifische Speziallösungen zu vermeiden.

6.1 Netzeinwirkungen und Abhilfemaßnahmen

Bei der Einbindung von Windkraftanlagen in elektrische Versorgungsnetze entstehen Rückwirkungen auf diese. Beachtet werden müssen neben der allgemeinen Verträglichkeit Leistungsvariationen und Spannungsschwankungen mit eventueller Flickerwirkung bei Beleuchtungsanlagen nahe der Einspeisung sowie mögliche Veränderungen der Kurzschlussleistung im Verhältnis zur Höchstleistung, die Schutzeinrichtungen im Netz tangieren können. Weiterhin müssen Spannungsunsymmetrien, Oberschwingungen als ganzzahlige bzw. Zwischen-

Netzanschluss	▪ jederzeit dem EVU zugängliche Trennstelle nach DIN/VDE 0105
Schaltereinrichtungen	▪ Kuppelschalter mit mindestens Lastschaltvermögen (kann bei reinem Parallelbetrieb durch Netzschütz der WKA realisiert sein) ▪ Auslegung für maximalen Kurzschlussstrom (WKA, Netz) ▪ Wechselrichter: Schaltstelle auf der Netzseite
Schutzeinrichtungen	**Synchron- und Asynchrongeneratoren** ▪ Spannungsrückgangsschutz, Bereich: $1,0 \ldots 0,7 \cdot U_N$ ▪ Spannungssteigerungsschutz, Bereich: $1,0 \ldots 1,15 \cdot U_N$ ▪ Frequenzrückgangsschutz, Bereich: 48 Hz ... 50 Hz ▪ Frequenzsteigerungsschutz, Bereich: 50 Hz ... 52 Hz **Wechselrichter** ▪ Spannungsschutz wie bei Generatoren ▪ kein Frequenzschutz erforderlich
Blindleistungs- kompensation	▪ cos φ soll im Bereich: 0,9 kapazitiv bis 0,8 induktiv liegen ▪ für Anlagen ≥ 4,6 kVA pro Außenleiter nicht erforderlich ▪ größere Anlagen: Abstimmung mit EVU notwendig **Selbstgeführter Wechselrichter** ▪ im Allgemeinen nicht nötig

Zuschaltbedingungen	▪ zuschalten nur wenn alle Außenleiterspannungen anstehen
	Synchrongenerator
	▪ Synchronisiereinrichtung erforderlich
	  ❑ Spannungsdifferenz: $U \pm 10\% \, U_N$
	  ❑ Frequenzdifferenz: $f \pm 0,5$ Hz
	  ❑ Phasendifferenz: $\varphi \pm 10°$
	Asynchrongeneratoren
	▪ spannungslos zuschalten im Bereich: $0,95 \ldots 1,05 \cong n_{syn}$
	▪ bei motorischem Anlauf: Begrenzung des Anlaufstromes
	Wechselrichter
	▪ zuschalten nur wenn die Wechselstromseite spannungslos ist oder die Bedingungen wie beim Synchrongenerator eingehalten werden

Netzrückwirkungen	▪ Einhalten der Verträglichkeitspegel von Störgrößen nach DIN VDE 0838
	  ❑ Spannungsschwankungen und Flicker
	  ❑ Oberschwingungsströme
	▪ Betrieb von Rundsteueranlagen darf nicht beeinträchtigt werden

Inbetriebnahme	**Prüfung:**
	  ❑ Trenneinrichtungen
	  ❑ Messeinrichtungen
	  ❑ Schutzeinrichtungen auf 1- bzw. 3-phasigen Netzausfall, Frequenzabweichungen, Kurzunterbrechung (KU)
	  ❑ Einhaltung der Zuschaltbedingungen

Tabelle 1: Anforderungen zum Netzanschluss von Windkraftanlagen

harmonische als nicht ganzzahlige Vielfache der 50-Hertz-Netzfrequenz sowie Störaussendungen und Netzresonanzen [29, 30, 59, 60, 67, 68, 69, 70] vermieden werden.

Für wesentliche Teilbereiche sind Grundsätze zur Beurteilung von Netzrückwirkungen für Mittel- bzw. Niederspannungsanlagen in Richtlinien nach VDEW bzw. VDE 0838 angegeben. Diese sind jedoch weitgehend auf Verbrauchersysteme abgestimmt.

Angegebene Schutzmaßnahmen sind i. Allg. EVU-spezifisch [60] und können durchaus örtlich differieren. Sie sollen das jeweilige Netz vor störenden Rückwirkungen aus der Eigenerzeugungsanlage bewahren. Neben einem angemessenen Kurzschluss- und Generatorschutz sind vor allem die folgenden Vorkehrungen zu treffen:

- Verhinderung bzw. nur kurzzeitiges Zulassen eines motorischen Betriebes der Anlage (Rückleistungsschutz) bei zu geringen Windgeschwindigkeiten.
- Schnelles Trennen des Generators vom Netz, wenn die Spannung bzw. Frequenz des Netzes bestimmte Grenzwerte unter- oder überschreitet.
- Kompensation des Blindleistungsbedarfs auf vorgeschriebene Werte.
- Zuschalten der Asynchrongeneratoren nur im Bereich von etwa 95 % bis 105 % ihrer Leerlaufdrehzahl (Synchrondrehzahl).

Die dominierenden Netzeinwirkungen sind Leistungsschwankungen und Spannungsvariationen sowie Oberschwingungen und Netzresonanzen [71, 72, 73, 74]. Diese werden im folgenden erläutert.

6.1.1 Leistungs- und Spannungsschwankungen, Flickereffekte, Leistungsbegrenzung sowie Spannungsregelung

Große elektrische Verbraucher- oder Einspeisesysteme verursachen durch Leistungsveränderungen i. Allg. Spannungsvariationen, die insbesondere an schwachen Netzen große Werte annehmen können. Die Leistung einer Windturbine unterliegt sowohl periodischen als auch stochastischen (zufälligen) Schwankungen. Periodische Anteile, die insbesondere durch Höhenwindgradienten, Turmschatten- bzw. Turmstaueffekte hervorgerufen werden und sich in so genannten Kurzzeitflickern äußern können, spielen im Hinblick auf Spannungseinflüsse i. Allg. eine untergeordnete Rolle. Kurz- und langfristige Windgeschwindigkeitsänderungen können hingegen dominierende Leistungsschwankungen verursachen.

In [59] werden Flickerstörfaktoren angegeben. Dabei ist zu unterscheiden in kurzzeitige Mittelwerte, die in einem Zehn-Minuten-Intervall maßgebend sind, und in langzeitig wirkende Zwei-Stunden-Mittelwerte. Die FGW-Richtlinien [67] berücksichtigen neben den rein betragsmäßig zu erwartenden Veränderungen die wirklichkeitsnäheren Einwirkungen, die phasenrichtige Beziehungen beinhalten.

Um vorhandene Netzanschlussleistungen [75, 76] möglichst gut auszunutzen, können bei geeigneten Windkraftanlagen weitergehende Eingriffe vorgenommen werden. Überschreiten z. B. Spannungsveränderungen, Flickereffekte oder die thermische Belastbarkeit der Kabel und Freileitungen etc. vorgegebene Grenzwerte, so können einspeisende Windkraftanlagen in ihrer Leistung soweit begrenzt werden, dass Netze stets sicher betrieben werden können.

Eine weitergehende Möglichkeit, Netze durch regenerative Einspeisung günstiger zu gestalten, ist mit der Regelung bzw. Stützung des Netzes mit Hilfe von Windkraftanlagen gegeben, die es erlauben, den Einspeisewinkel des Stromes, d.h. die Blindleistungslieferung, frei einzustellen [67]. Dafür sind z.B. Anlagen mit selbstgeführten IGBT-Wechselrichtern geeignet. Derartige Methoden werden zukünftig insbesondere beim Verbundbetrieb von Windkraftanlagen in großen Windparks an windgünstigen Standorten in Küstenbereichen, im Binnenland und Mittelgebirge sowie im Offshoreeinsatz an Bedeutung gewinnen.

6.1.2 Oberschwingungen und Netzresonanzen

Unterschiedliche Wandlersysteme weisen je nach Netzanbindung im Hinblick auf Oberschwingungen große Differenzen auf. Direkt mit dem Netz gekoppelte Asynchrongeneratoren zeigen i. Allg. mit zunehmender Anzahl keine steigenden Netzeinwirkungen. Bereits im Netz vorhandene Oberschwingungen und Zwischenharmonische werden meist sogar abgeschwächt.

Im Gegensatz dazu bringen insbesondere Anlagen mit Thyristor-Umrichterspeisung bei zunehmender Anzahl bzw. größer werdender Leistung einen höheren Oberschwingungsgehalt im Netz mit sich. Dabei haben 6-pulsige Wechselrichter mit Netzführung (insbesondere bei der 5. und 7. Oberschwingung) erheblich stärkere Netzeinwirkungen zur Folge als 12-pulsige Wechselrichter. Thyristor-Wechselrichter in Windkraftanlagen wurden jedoch Mitte der Neunzigerjahre vom Markt verdrängt, so dass die hier genannten Aussagen hauptsächlich für ältere Anlagen Relevanz besitzen.

Bei der Einspeisung großer Windkraftanlagen in schwache Netzbereiche, wie es z.B. in windreichen Küstengebieten mit Netzausläufern gegeben ist, muss mit starken Netzeinwirkungen gerechnet werden. Bei ungünstiger Konstellation können Netzresonanzen entstehen [29, 30, 70, 78]. Sie werden durch Oberschwingungen angeregt und breiten sich im Netz bzw. in Netzzweigen aus. Durch kapazitive und induktive Konstellationen von Verbrauchern, Erzeugern und Netzelementen können sich Schwingkreise bilden und Netzresonanzen hervorgerufen werden. Partielle Spannungs- oder Stromüberhöhungen sind die Folge. Diese lassen sich durch speziell auf die Netz-, Verbraucher- und Einspeisekonfiguration abgestimmte Filtersysteme auf übliche Werte mindern [74, 78, 79]. Auslegungsverfahren für passive Filter, die auch für aktive Systeme anwendbar sind, werden in [30] und [80] ausführlich dargestellt. Dabei konnte gezeigt werden, dass Vorausberechnungen an Hand von Netzsimulationen sehr gut mit Messungen an Anlagen übereinstimmen, die nach diesem Verfahren ausgelegt werden.

Momentan auf dem Markt angebotene Windkraftanlagen werden sowohl bei elektrisch und permanent erregten Synchronmaschinenkonzepten mit statorseitigem als auch bei doppeltgespeisten Asynchrongeneratorausführungen mit läuferseitigem IGBT-Wechselrichter ausgeführt. Dabei übliche Schaltfrequenzen im Kilohertzbereich führen insbesondere bei niedrigen Ordnungszahlen zu kleinen Oberschwingungswerten. Auftretende Oberschwingungen höherer Frequenz ermöglichen den Einsatz von Filtersystemen relativ kleiner Bauart. Die Isolation (insbesondere der ersten, umrichterseitigen Windungen) von Generator- und Transformatorwicklungen muss jedoch durch Stromanstiegsfilter (di nach dt-Filter) vor Schäden geschützt werden. Weiterhin ist zu bedenken, dass Filter, die z. b. für Toleranzbandregelungsverfahren in Pulsumrichtern eingesetzt werden, für relativ breite Frequenzbänder ausgelegt sein müssen.

6.2 Verbund von Windenergieanlagen

Durch den Zusammenschluss mehrerer Anlagen ergeben sich Möglichkeiten der Kosteneinsparung bei Planung, Bau, Betriebsführung und Instandhaltung. Mit der Mehrfachnutzung technischer Einrichtungen (z. B. Kabel, Netzeinspeisung) lassen sich zudem Vereinfachungen erzielen. Darüber hinaus sind durch die Leistungsmittelung bei ausgedehnten Windenergieparks und durch eine Koordination der dezentralen Regeleinrichtungen besondere Vorteile hinsichtlich der Gleichförmigkeit des Leistungsangebotes zu erreichen. Windparkuntersuchungen [81, 82] haben gezeigt, dass große Leistungsschwankungen insbesondere unterhalb des Nennbetriebes vorwiegend in hinteren Anlagenreihen anzutreffen sind. Im unteren Teillast- und im Nennlastbereich treten hingegen meist kleine Leistungsvariationen auf.

Bereits bei einem Verbund von fünf Windkraftanlagen sind nur noch geringe Leistungsschwankungen im Sekundenbereich zu erwarten. Spannungsschwankungen, Spannungsunsymmetrien und Störaussendungen in das Netz nehmen daher bei einem Zusammenschluss von Turbinen eine untergeordnete Rolle ein. Mittel- und längerfristige Leistungsausgleichsvorgänge lassen sich nur über weiter verteilte Aufstellungsflächen und entsprechend großräumigen Energieausgleich erreichen [83]. In Verbindung mit Windvorhersagen können langfristige Leistungserwartungen aus der Windenergie definiert und – falls erforderlich – notwendige Ausgleichs- bzw. Ersatzmaßnahmen bei anderen elektrischen Versorgungssystemen ergriffen werden [84, 85, 86].

Durch eine genaue Vorhersage der Windleistung lassen sich Kapazitätseffekte der Windenergie erzielen. Damit wird ihre Einspeisung im Kraftwerksverbund planbar und somit der Wert im liberalisierten Strommarkt deutlich erhöht. Durch Onlineerfassung der Leistung von wenigen Referenzwindkraftanlagen lässt sich nach [84] das Zeitverhalten der Windleistung für ein Versorgungsgebiet prognostizieren. Dafür eignen sich insbesondere Verfahren, die Fähigkeiten künstlicher neuronaler Netze für präzise und detaillierte Vorhersagen im Kurzzeitbereich (zwischen Einstunden- und Zwei-Tage-Zeiträumen) ermöglichen.

Beim Verbund von Windkraftanlagen lassen sich vorteilhafte Eigenschaften unterschied-

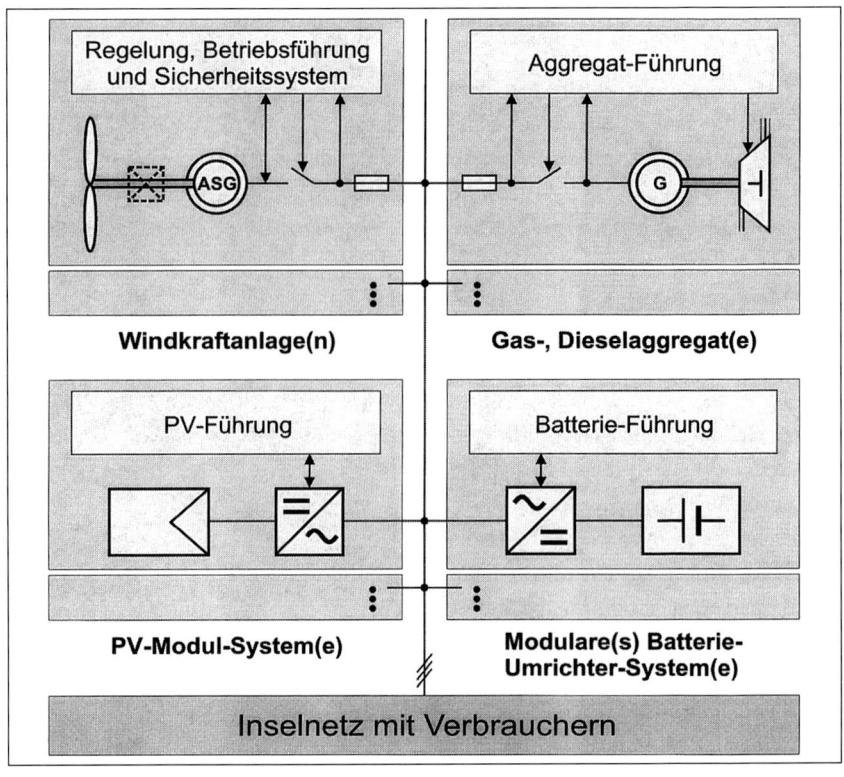

Abb. 54: Vereinfachtes Blockschaltbild eines modularen, autonomen elektrischen Versorgungssystems

licher Systemkonfigurationen kombinieren. Turbinen mit Asynchrongeneratoren erhöhen bei ihrer direkten Netzkopplung die Netzkurzschlussleistung. Weiterhin hat ihre Generatorinduktivität in Verbindung mit der Kompensationskapazität deutliche Filterwirkung im Netz. Über Umrichter in das Netz speisende Anlagen erhöhen hingegen die Kurzschlussleistung kaum, bringen aber wechselrichterspezifische Oberschwingungen mit sich. Durch Anlagenverbund beider Konfigurationen können Kurzschlussströme und Netzeinwirkungen niedrig gehalten und Netzkapazitäten hoch ausgenutzt werden.

Durch den Einsatz von drehzahlvariabel geführten Anlagen, die über Pulswechselrichter ins Netz einspeisen, lassen sich zulässige Grenzwerte von Oberschwingungen gut einhalten. Durch Regelung des Leistungsfaktors kann die Spannung am Netzanbindungspunkt eines Anlagenverbundes z. B. auf vorgegebene Werte eingestellt werden (s. Kap. 6.1.1). Dadurch lassen sich vorhandene Netze relativ gut auslasten und Kosten für Netzverstärkungsmaßnahmen einsparen [30, 76, 87, 88].

Bei leistungsschwachen Netzen mit hohem Windkraftanteil sind besonders große

Netzrückwirkungen zu erwarten. Praktische Untersuchungen haben jedoch gezeigt, dass bei einer gezielten Auslegung des Netzes und seiner Komponenten sogar Windleistungsanteile von 100 % möglich sind. Durch Maßnahmen zur Beeinflussung der Netzcharakteristik lassen sich somit im Verbundbetrieb unter Einbindung von Phasenschieber, Batteriespeicher mit Umkehrstromrichter, Netzfilter, Kompensationseinheit und Netzregler mögliche Netzstörungen vermeiden [89, 90, 91]. Die langjährigen Betriebsergebnisse von derartigen Systemen auf den irischen Inseln Cape Clear und Rathlin Island, auf griechischen Inseln, in der Inneren Mongolei etc. belegen dies.

Modular aufgebaute und einfach erweiterbare Versorgungseinheiten (Abb. 54) mit regenerativer (Wind, Photovoltaik etc.) und fossiler Speisung (Diesel, Erdgas usw.) sowie Speichern im Kurzzeit- (Batterie, Supercap) bzw. Langzeitbereich (Biogas, Deponiegas o. ä.) lassen aufgrund niedriger Auslegungskosten für zukünftige Elektrifizierungsprogramme günstige Voraussetzungen erwarten. Somit wird sich in naher Zukunft ein enormes Marktpotential für entlegene Versorgungen ergeben. Ausgehend von Spezialanwendungen in Industrieländern (Wochenendsiedlungen, Bergstationen usw.) werden sich derartige Modulsysteme als sichere Elektrizitätsversorgungen auch in Entwicklungsländern verbreiten und den versorgten Regionen sowie den betroffenen Bevölkerungskreisen neue Perspektiven einer wirtschaftlichen Entwicklung unter ökonomischen Aspekten ermöglichen.

7 Betriebserfahrungen und Entwicklungstendenzen

Auf dem deutschen Markt werden zur Zeit im Bereich bis 100 kW Nennleistung über 40 Anlagen von ca. 20 Herstellern angeboten [92, 93]. Mehr als 60 mittelgroße Turbinen über 100 kW und unter 1 MW werden von etwa 30 Unternehmern offeriert. Große Einheiten im MW-Bereich beschränken sich auf ca. 5 verschiedene Firmen und Typen.

Unterschiedliche Einsatzfälle und Anlagengrößen haben zu sehr differenziert zu bewertenden Erfahrungen geführt. Im folgenden soll daher zwischen kleinen Anlagen bis 100 kW und größeren Einheiten unterschieden werden.

7.1 Kleine Anlagen im Netz-, Insel- und Hybridbetrieb

Bis Mitte der 70er Jahre wurde die Windenergie hauptsächlich zur Versorgung entlegener Verbraucher eingesetzt. Dies wurde mit sehr unterschiedlichem Erfolg praktiziert. Durch Anbieter von technisch teilweise nicht einwandfrei ausgelegten Anlagen und durch unreife Konstruktionen wurde die Windenergie in Misskredit gebracht. Einige Konverter erreichten allerdings erstaunlich lange Laufzeiten. So wurden z. B. viele Farmen in Nordamerika über Jahrzehnte durch amerikanische Windturbinen mit Wasser und zum Teil auch mit Strom versorgt. In der Bundesrepublik erreichten Anlagen moderner Prägung (Abb. 3) mit 6 bzw. 10 kW Nennleistung und 10 m Rotordurchmesser mehr als 30 Jahre Lebensdauer. Einige Rotoren dieser technisch wie optisch gelungenen Konstruktion sind seit Anfang der 50er Jahre in Betrieb. Auch kleine Windräder im Bereich unter 1 kW haben sich in Stückzahlen von einigen tausend zur Versorgung von Bergstationen, Sendeanlagen etc. weltweit bewährt.

In Inselregionen und entlegenen Gebieten werden auch mit Anlagen bis 100 kW in autonomen Stromversorgungssystemen bereits seit mehr als 10 Jahren ökologisch verträgliche und ökonomisch besonders günstige Einsatzmöglichkeiten erreicht. Die guten Betriebsergebnisse von Windkraftanlagen in Zusammenarbeit mit Biogas- oder Dieselaggregaten, Batteriesystemen und Photovoltaikeinheiten (sog. Hybridsysteme) auf griechischen und deutschen Inseln (z. B. Kythnos, Pellworm, Fehmarn) sowie Teilsysteme auf irischen Inseln etc. [94, 95, 96] zeigen, dass solche Anlagen für die Elektrifizierung von Insel- und Flächenstaaten enorme Entwicklungs- und Marktpotentiale bieten.

7.2 Mittelgroße und große Anlagen im Netzbetrieb

Bereits in den 40er Jahren wurden erste Ansätze gemacht, die Windenergie auch großtechnisch zur Netzeinspeisung zu nutzen. Dabei angewandte Verfahren wurden jedoch erst nach sprunghaften Energiepreissteigerungen Mitte der 70er Jahre in vielen Ländern wieder aufgegriffen. Hauptsächlich in den USA, Schweden und der Bundesrepublik Deutschland war die Entwicklung zunächst stark auf große Einheiten im MW-Bereich ausgerichtet. Bei der Ausführung dieser großen Windenergieanlagen mussten Berechnungsverfahren entwickelt und neue Fertigungstechnologien beschritten werden. Die größten Rotorblätter erreichten etwa die doppelte Länge von Flügeln der größten Verkehrsflugzeuge. Hohe Anlagenkosten waren die Folge. Erfahrungen mit Modellanlagen und verschiedenen Komponenten lagen nicht vor. Diese mussten während des Probebetriebes gesammelt bzw. in Dauertests ermittelt werden. Schlechte Betriebsergebnisse waren die Folge. Heute übliche Anlagenverfügbarkeiten von über 98 % konnten bei weitem nicht erreicht werden, was vielfach zu einem Abbruch von Vorhaben bereits im Entwicklungsstadium führte. Für Pilotprojekte notwendige Erprobungs- und Modifikationsphasen wurden nicht zugestanden. Insbesondere in den 80er Jahren mehrfach angestellte Wirtschaftlichkeitserwägungen auf der Kostenbasis solcher Pilotanlagen konnten die tatsächlich erreichbare Rentabilität heutiger Windkraftanlagen nicht richtig einschätzen.

Die meisten Großanlagen der ersten Generation moderner Prägung gingen 1982/83 in Betrieb: fünf MOD-2- und eine WTS-4-Anlage in USA, je eine WTS-3 und WTS-75 AEOLUS I in Schweden, sowie GROWIAN in Deutschland. Mit MOD 5B auf Hawaii (98 m Rotordurchmesser und 3,2 MW Nennleistung), AWEC 60 in Spanien, WKA 60 I/II in Helgoland bzw. Kaiser-Wilhelm-Koog in Deutschland, ELSAM 2000 in Dänemark, NEWEC 45 und GAMMA-60 gingen seit 1987 bereits einige Weiterentwicklungen der zweiten Generation in Betrieb.

Parallel zu der Großanlagenentwicklung wurden vor allem in Dänemark, Deutschland, Niederlande und USA Kleinturbinen der 20- bis 50-kW-Klasse gebaut und in einer großen Vielfalt an unterschiedlichen Komponenten wie Ausführungen aus der Serienproduktion von konventionellen Energieversorgungs- und Industrieanlagen verwendet. Aufgrund dieser Entwicklung konnten sich insbesondere robuste Konstruktionen stallgeregelter Windturbinen mit direkt netzgekoppelten Asynchrongeneratoren als besonders betriebssichere Systeme erfolgreich am Markt etablieren. Dänemark erreichte, wesentlich unterstützt durch staatlichen Rückhalt, die absolute Führerschaft auf dem Windkraft-Weltmarkt. Die Hochskalierung dieser Anlagenkonfigurationen über die 100-kW-, 200-bis-300-kW-, 500-bis-600-kW-Klassen in den Megawattbereich brachte kostengünstige Anlagen hoher Betriebssicherheit auf den Markt. Dänemark konnte seinen Spitzenplatz behaupten, insbesondere mit Anlagen konventioneller Prägung (stallgeregelte Turbinen mit Getriebe und Asynchrongenerator). Einige deutsche Hersteller bevorzugen im Gegensatz zu dänischen Produzenten innovative Anlagenkonzepte mit Blatteinstellwinkelregelung, doppeltgespeistem Asynchrongenerator oder Synchrongenerator mit Umrichter und konnten sich mit großem Erfolg, insbesondere auf dem deutschen Markt, durchsetzen und gewinnen auch international zunehmend an Bedeutung.

Betriebserfahrungen und Entwicklungstendenzen

7.3 Breitentestprogramm

Statistisch relevante Erfahrungswerte für den praktischen Einsatz von Windkraftanlagen sollen im Rahmen des Breitentestprogramms „250 MW Wind" in Deutschland gewonnen werden. Dieses Programm wurde vom Bundesministerium für Forschung und Technologie eingeleitet und wird vom Bundesministerium für Wirtschaft und Technologie weiterhin gefördert. Der technisch-wissenschaftliche Teil, das „Wissenschaftliche Mess- und Evaluierungsprogramm", wird vom Institut für Solare Energieversorgungstechnik (ISET), Kassel, durchgeführt. Dabei werden an allen geförderten Anlagen zehn Jahre lang Wind- und Betriebsdaten erfasst. Mittlerweile sind ca. 1.500 Anlagen mit etwa 250 MW (bei 10 m/s Windgeschwindigkeit bzw. 350 MW Nennleistung) in dieses Programm aufgenommen. Die Betriebsergebnisse werden in Form von Jahresberichten [10] für verschiedene Anlagengrößen, Typenmerkmale, Hersteller, Standortkategorien etc. veröffentlicht, oder sie können von der interessierten Öffentlichkeit unter http://reisi.iset.uni-kassel.de über das Internet-Informationssystem REISI (Renewable Energy System on Internet) abgerufen werden.

Bei den Anlagen, die bis Anfang 1999 errichtet wurden, überwiegen Systeme mit Dreiblattrotoren (90 %) und Asynchrongeneratoren (70 %) bei weitem gegenüber 10 % Zweiblattturbinen und 30 % mit Synchrongeneratoren. Etwa 60 % der Anlagen werden durch Stallbetrieb

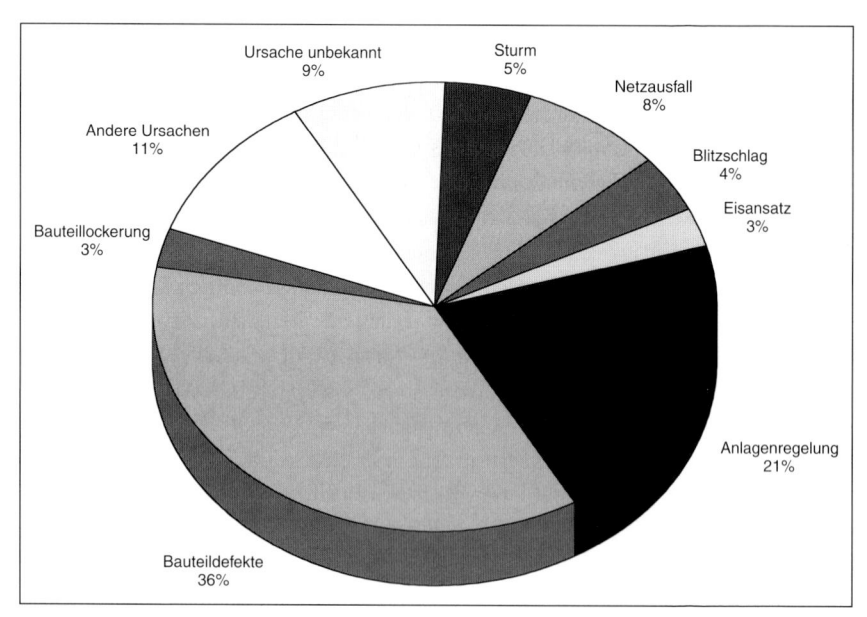

Abb. 55: Störungsursachen (ISET)

Breitentestprogramm

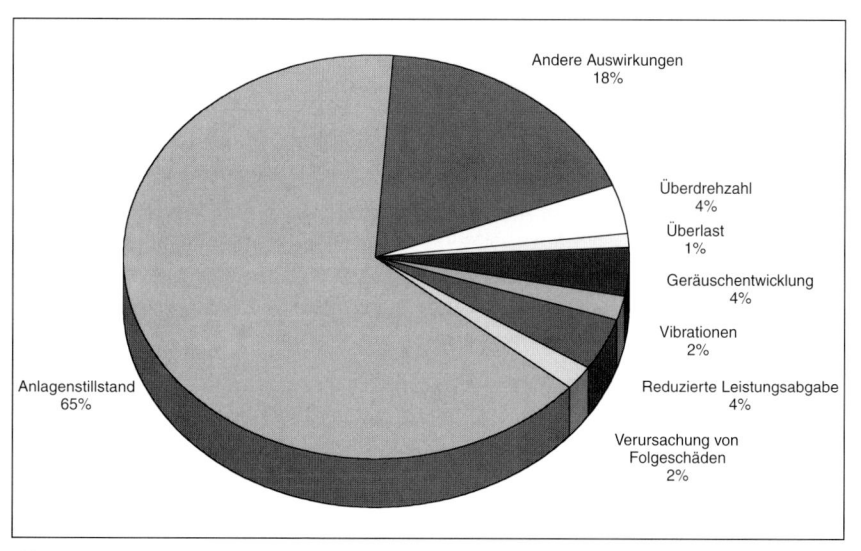

Abb. 56: Störungsauswirkungen (ISET)

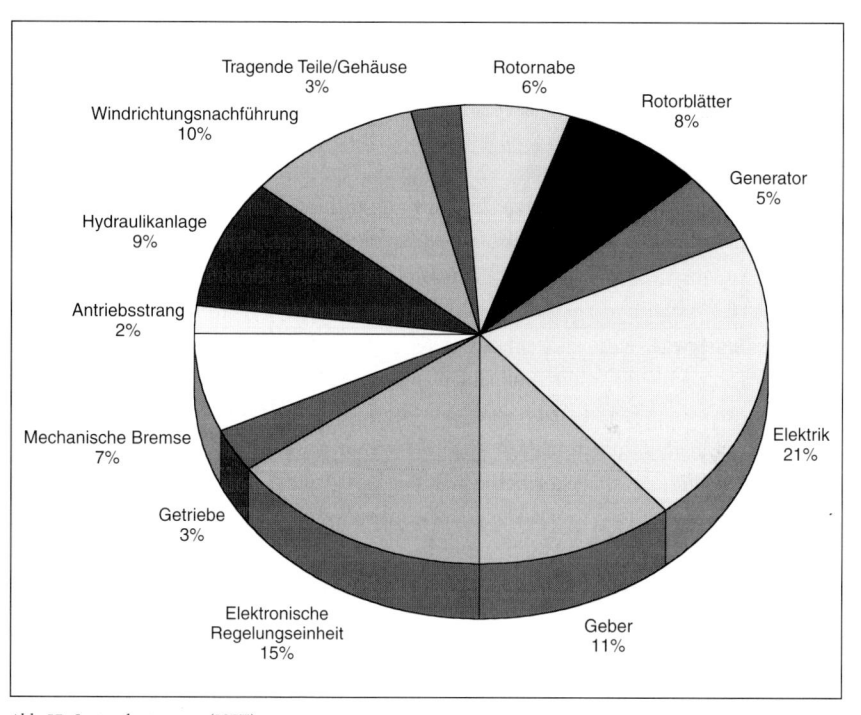

Abb. 57: Instandsetzungen (ISET)

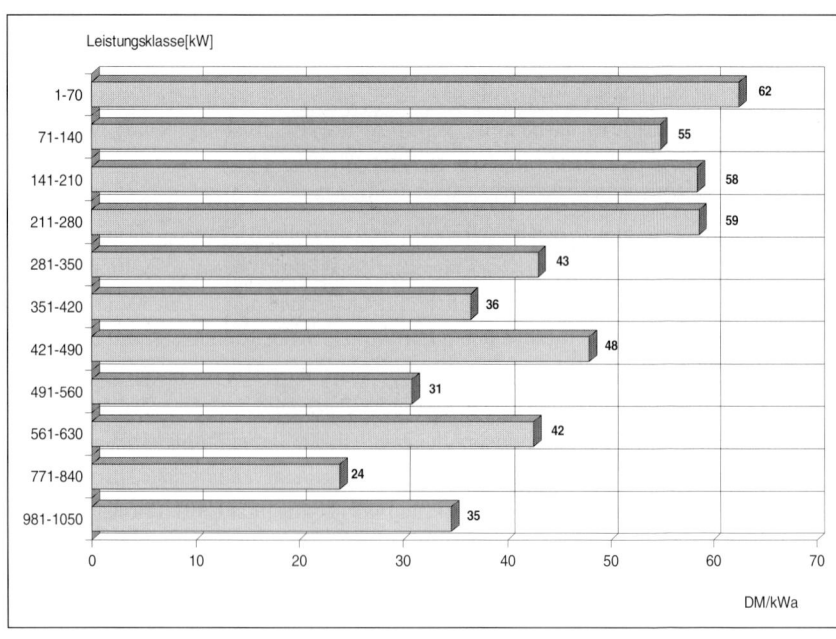

Betriebserfahrungen und Entwicklungstendenzen

Abb. 58: Durchschnittliche jährliche Betriebskosten (ISET)

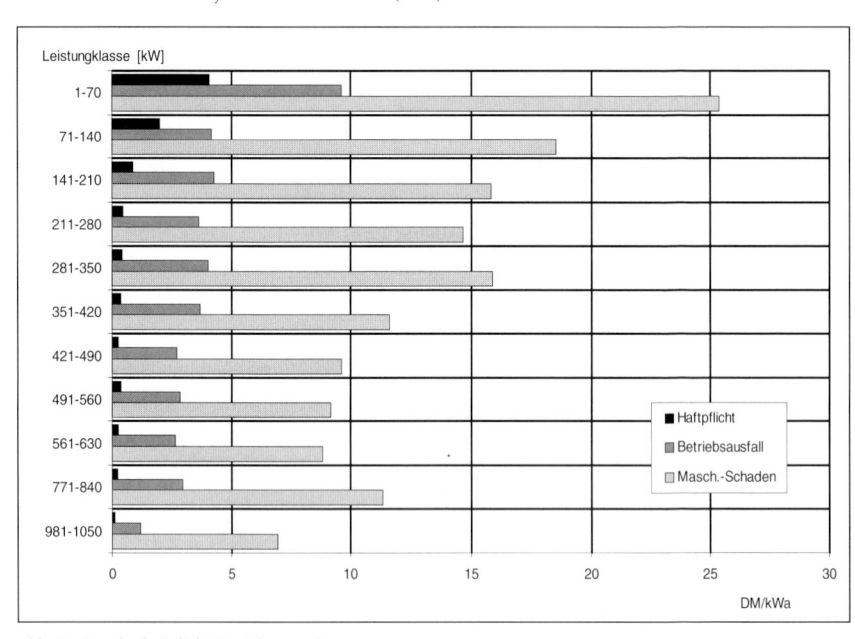

Abb. 59: Durchschnittliche Versicherungskosten

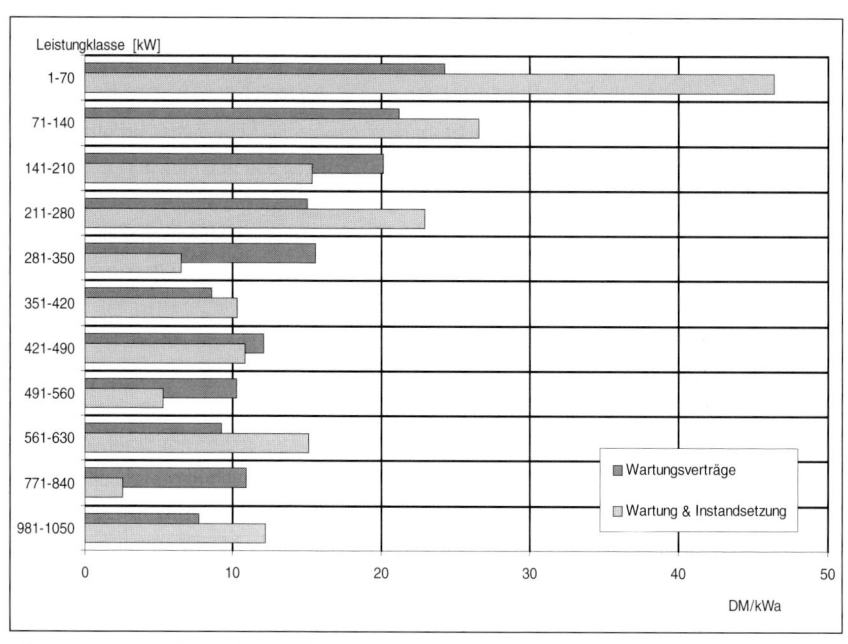

Abb. 60: Wartungs- und Instandsetzungskosten

und ca. 40% mit Hilfe von Blattverstellung in der Leistung begrenzt. Ungefähr die gleichen Anteile sind zwischen konstantem und variablem Drehzahlverhalten anzutreffen. Die durchschnittliche Nennleistung der Anlagen hat sich in den letzten Jahren von 80 kW auf nahezu 800 kW erhöht. Alle neu installierten Turbinen haben Dreiblattrotoren und arbeiten als Luv-Läufer im Netzparallelbetrieb.

Als Hauptstörursachen im Anlagenbetrieb haben sich Verschleiß oder Defekt von Bauteilen (38%) und Fehlfunktionen in der Regelung (24%) herauskristallisiert; dabei dominieren Elektrik, elektronische Regelungseinheiten und Geber bei weitem (Abb. 55). Sturmschäden (4%), Netzausfall (6%) und Blitzeinschlag (5%) kommen zahlenmäßig weniger häufig vor. Allerdings sind die Folgekosten durch Blitzschäden relativ hoch. Kleine Anlagen erreichen heute bereits eine Anlagenverfügbarkeit von 98%, während Systeme der 500-kW-Klasse sogar auf 99,5% kommen.

Nach externen und internen Störungen werden nur in 30% der Fälle Auswirkungen nach außen festgestellt. Der weitaus größte Anteil (68%) von Störungen führt nach Abb. 56 zum Anlagenstillstand. Dadurch werden mögliche Folgeschäden (2%) weitgehend vermieden, indem die Anlagenbetriebsführung zwei Drittel aller problematischen Situationen erkennt und sicher reagiert.

Um aufgetretene Störungen zu beseitigen, sind Instandsetzungsmaßnahmen notwendig.

Davon sind verschiedene Bauteile und Komponentengruppen betroffen. Abb. 57 zeigt, dass in nahezu 60 % der Fälle elektrische Baugruppen wie Elektrik, elektronische Regelungseinheiten, Sensoren und Generatoren betroffen sind.

Neben unterschiedlichen Windverhältnissen, die z.B. im Küstenbereich am günstigsten sind, lassen sich auch Differenzen in den Betriebsbedingungen und Störungen erwarten. Langjährige Untersuchungen im Wissenschaftlichen Mess- und Evaluierungsprogramm belegen dies. Im Mittelgebirge sind Blitzschäden etwa doppelt so hoch, Sturmschäden ca. 3- bis 4-mal höher und Eisansatz ungefähr 6- bis 7-fach öfter als an anderen Standorten. Vom Netzausfall ist hingegen die Küste stärker betroffen als andere Bereiche. Detaillierte Angaben sind der Jahresauswertung 1998 [10] zu entnehmen.

Für die Wirtschaftlichkeitsbetrachtungen spielen die Betriebskosten eine wesentliche Rolle. Abb. 58 zeigt mittlere Jahreswerte für Anlagen, deren Garantiezeit bereits abgelaufen ist. Die Betriebskosten umfassen Anteile durch Versicherungen (Abb. 59), Pacht, Fernüberwachung etc. sowie Wartungs- und Instandsetzungskosten, die als Durchschnittswerte in Abb. 60 dargestellt sind. Da die Datenbestände für die jeweiligen Durchschnittskosten nicht identisch sind, weichen die Gesamtkosten von der Summe der Einzelkosten ab.

8 Wirtschaftlichkeitsbetrachtungen

Die Anwendung der Windenergie zur Energieversorgung bringt eine Verbreiterung der Energieversorgungsbasis und vermindert die Umweltbelastung. Sie ist besonders sinnvoll, wenn wirtschaftliche Konkurrenzfähigkeit mit üblicherweise verwendeten Energieträgern besteht. Bei Wirtschaftlichkeitsuntersuchungen von Windkraftanlagen müssen zahlreiche Aspekte berücksichtigt werden. Ausgehend vom Einsatzfall muss das Zusammenwirken wichtiger Einflussgrößen [61] berücksichtigt werden. Unerlässlich sind die Kenntnisse über die Anlagenkosten und über die zu erwartende Energielieferung (s. Kap. 2).

Die rechnerische bzw. konstruktive Auslegung und die damit angestrebte Lebensdauer einer Anlage haben Einfluss auf die Herstellungskosten und Energielieferung. Diese bestimmen in Verbindung mit dem Einsatzfall und den genannten Randbedingungen insgesamt die Wirtschaftlichkeit einer Windkraftanlage.

Ausgehend vom Einsatzfall, d.h. im Netzparallelbetrieb oder bei Inselversorgungen, können die ökonomischen Rahmenbedingungen große Unterschiede aufweisen. Netzeinspeise- bzw. Netzbezugskosten in Höhe von 14 bis 30 Pf/kWh stehen Stromerzeugungskosten von

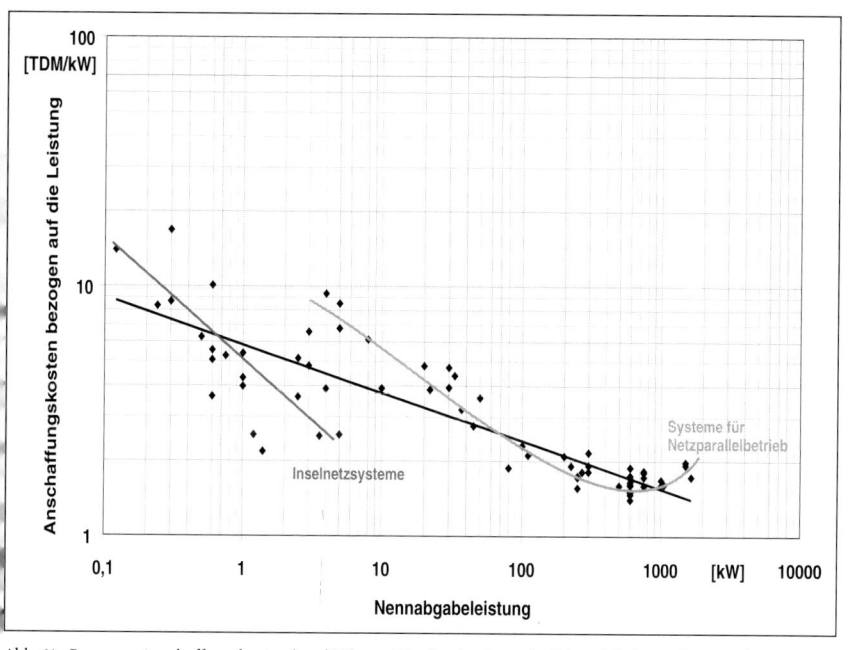

Abb. 61: Bezogene Anschaffungskosten (pro kW) von Windkraftanlagen in Abhängigkeit von den Nennleistung

Wirtschaftlichkeitsbetrachtungen

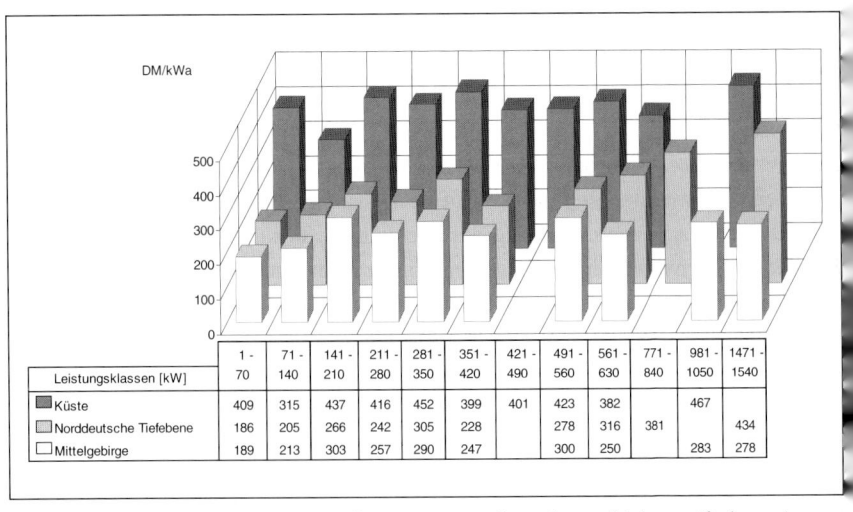

Leistungsklassen [kW]	1 - 70	71 - 140	141 - 210	211 - 280	281 - 350	351 - 420	421 - 490	491 - 560	561 - 630	771 - 840	981 - 1050	1471 - 1540
■ Küste	409	315	437	416	452	399	401	423	382		467	
▨ Norddeutsche Tiefebene	186	205	266	242	305	228		278	316	381		434
☐ Mittelgebirge	189	213	303	257	290	247		300	250		283	278

Abb. 62: Spezifische Jahreserträge pro kW installierter Leistung nach Standort- und Anlagengrößenkategorien aufgeschlüsselt

30 bis 50 Pf/kWh für größere Inselversorgungen im 100-kW- bis 1-MW-Bereich und ein bis zwei DM/kWh in der Wenige-Watt- bis Kilowatt-Größenordnung gegenüber. Weiterhin sind meteorologische und technologische Randbedingungen z. B. bei Installation von großen Anlagen mit Kosten von ca. 2.000 DM pro kW bzw. kleinen Anlagen für etwa 3.000 bis 5.000 DM pro kW in windgünstigen Küsten- oder Inselstandorten bzw. in Schwachwindlagen zu berücksichtigen.

Um die Wirtschaftlichkeit von Windkraftanlagen zu beurteilen, können statische und dynamische Berechnungsmethoden angewandt werden. Bei der Annuitätenmethode werden Erträge und Kosten während der gesamten Abschreibungsdauer als gleichbleibende Beträge (statisch) angenommen. Im Gegensatz dazu werden bei der Kapitalwertmethode der Wertverlust des Darlehens infolge Inflation sowie steigende oder fallende Erträge durch Erhöhung oder Absenkung der Einspeisevergütung in die Rechnung mit einbezogen. Weiterhin spielen bei Wirtschaftlichkeitserwägungen Förderprogramme der Europäischen Gemeinschaft, des Bundes und der Länder eine wesentliche Rolle. Der aktuelle Stand zur Förderung ist in der „Förderfibel Energie" [97] in vollständiger Weise ausgeführt. Auf nähere Angaben soll daher an dieser Stelle verzichtet werden.

Die Anlagenkosten (Anhaltswerte s. Abb. 61) stellen auf der Kostenseite den größten Anteil dar. Sie lassen sich bei ausreichender Beschreibung des Einsatzfalles einschließlich der technischen Anlagendaten und der voraussichtlichen Kosten für die Wartung und Instandhaltung (s. Abb. 60) beim Hersteller bzw. Anbieter erfragen. Kostenrelevant ist dabei z. B. ob der Konverter als Inselanlage oder im Verbund mit anderen Energieerzeugereinheiten

(Netzen, Dieselaggregaten etc.) betrieben werden soll und welche Anforderungen an die sicherheitstechnischen Baugruppen zu stellen sind. Ortsabhängige Transport-, Fundamentierungs- sowie Leitungs- und Anschlusskosten sind ebenfalls zu berücksichtigen. Die gesamten Investitionskosten liegen dabei zwischen 15 und 30 % über den reinen Anlagenkosten. Falls Investitionskostenzuschüsse im Rahmen von Fördermaßnahmen gewährt werden, vermindern sich die Anschaffungskosten um diesen Beitrag.

8.1 Annuitätenmethode

Jährlich anfallende Betriebs- und Kapitalkosten sowie Steuern müssen in die Rechnung mit einbezogen werden. Die jährlichen Betriebs- und Nebenkosten können z.B. näherungsweise für Wartung etwa 1,25 %, Versicherung ca. 0,9 %, Selbstbeteiligung und sonstige Kosten ungefähr 0,4 bis 0,6 % angesetzt werden. Wesentlich genauere Werte sind nach Leistungsklassen gestaffelt Abb. 58 bis Abb. 60 zu entnehmen oder anlagenspezifisch bei Herstellern etc. zu erfragen. Mit Hilfe der Annuität

$$K = p + \frac{p}{\left(1 + \frac{p}{100}\right)^z - 1}$$

p Zinssatz in %
z Rückzahlungsdauer in Jahren
K Annuität in %

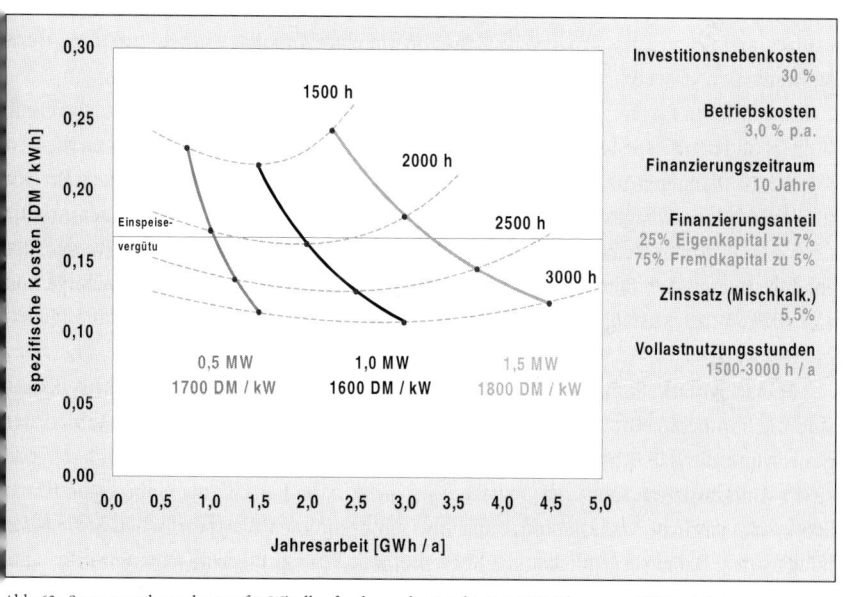

Abb. 63: Stromgestehungskosten für Windkraftanlagen der 0,5- bis 1,5-MW-Klassen in Abhängigkeit vom Jahresenergieertrag

Wirtschaftlichkeitsbetrachtungen

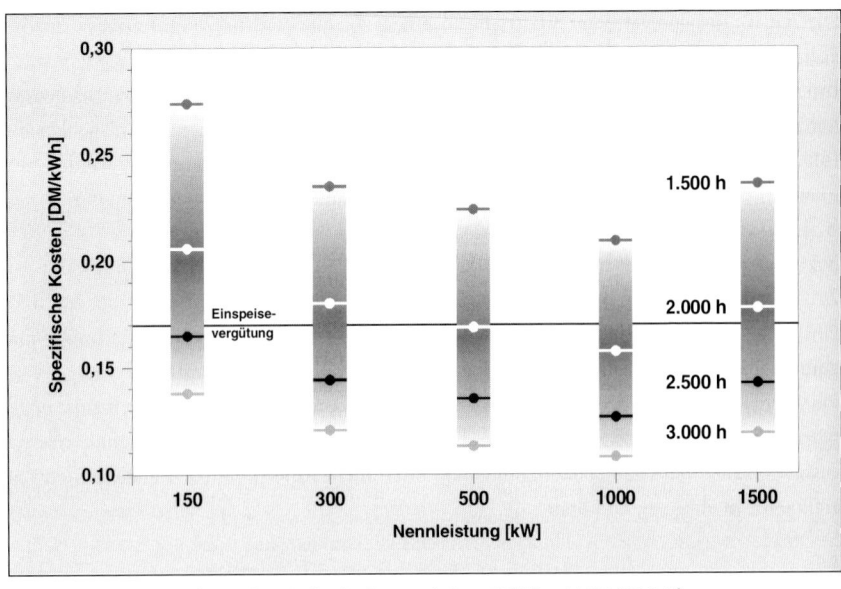

Abb. 64: Stromgestehungskosten für Windkraftanlagen zwischen 150 kW und 1.500 kW Größe

die den jährlich prozentualen Anteil an Zins und Tilgung für fremdfinanzierte Darlehen wiedergibt, können die Kapitalkosten in einfacher Weise bestimmt werden. Bei zehnjähriger Laufzeit und einem Zinssatz von 6 bis 8 % kann mit einer Annuität von 13,5 bis 15 % gerechnet werden.

Die jährlichen Erträge von Windkraftanlagen ergeben sich aus der Jahresenergielieferung (Kap. 2) und der Einspeisevergütung, die in Deutschland während der letzten Jahre zwischen 16 und 17 Pfennigen pro Kilowattstunde lag. Durchschnittlich erzielte monetäre Erträge für verschiedene Anlagengrößen von der 50-kW- bis zur 1.500-kW-Klasse können Abb. 62 für Küsten-, Norddeutsche-Tiefebene- und Mittelgebirgsstandorte entnommen werden. Beispielsweise erreichen 500-kW-Anlagen durchschnittlich 300 DM/kW im Mittelgebirge und 423 DM/kW im Küstenbereich. Dies entspricht Jahreseinnahmen von 150.000 DM bzw. 211.000 DM.

Für die am Markt dominierenden Anlagen der 500-kW-, 1.000-kW- und 1.500-kW-Klasse sind die Stromgestehungskosten in Abhängigkeit des Jahresenergieertrages in Abb. 63 dargestellt und die dabei berücksichtigten Randbedingungen angegeben. Stark differierende steuer- und förderungspolitische Aspekte sind nicht in die Berechnung einbezogen. Jahresarbeit bzw. jährliche Volllaststunden der Anlagen bestimmen die spezifischen Stromgestehungskosten. Dabei verdeutlichen die Kurvenverläufe, dass sich leichte Differenzen bei den Energieerträgern oder den Volllaststunden z. B. aufgrund von Jahresschwankungen etc. bei den MW-Anlagen wesentlich weniger auswirken, als bei den 500-kW-Einheiten.

Abb. 64 gibt die spezifischen Stromgestehungskosten unter den gleichen Randbedingungen, wie in Abb. 63 erwähnt, für Anlagen von 150 kW bis 1,5 MW Nennleistung wieder. Der bisher zu verfolgende Trend mit deutlichen Kostenvorteilen am Markt ist bei den 1.500-kW-Anlagen aufgrund ihrer Markteinführung noch nicht erkennbar. Dieser wird sich jedoch vermutlich noch fortsetzen.

8.2 Kapitalwertmethode

Zur betriebswirtschaftlichen Beurteilung von Windenergieanlagen wird die dynamische Berechnungsweise mit Hilfe der Kapitalwertmethode einer langjährigen Betrachtungsweise gerecht. Ausgangspunkt ist die Gleichung

$$C_0 = \sum_{i=1}^{n} \cdot \left(\frac{1+r}{1+p}\right)^i \cdot (E_i - K_i) - I_0$$

mit
C_0 Kapitalwert
r Inflationsrate
k_f Energiekosten
$E_i = E_0 \cdot k_f \cdot (1 + r_f)^i \cdot \gamma$
Ertrag für die erzeugte Energie (im Jahr i)

p Zinssatz
r_f reale Energiekostensteigerung
r_b prozentualer Anteil von I_0 für Wartung, Instandhaltung

n Laufzeit
i Jahr
K_i $f(r_b)$ Kosten im Jahr i
I_0 investiertes Kapital
γ techn. Verfügbarkeit

Iterative Lösungsverfahren erlauben z. B. die Bestimmung der Amortisationszeit A_z, d. h. des Jahres i, in dem $C_0 = 0$ ist. Für $C_0 = 0$ und n als vorausgesetzte Amortisationszeit, die als Grenzwert die Anlagenlebensdauer erreichen kann, lassen sich aus der Gleichung auch die dann erforderlichen Energiekosten k_f im Basisjahr berechnen.

9 Rechtliche Aspekte und Errichtung von Windkraftanlagen

Durch die Errichtung von Windkraftanlagen soll keine Beeinträchtigung des Landschaftsbildes erfolgen. Die Ästhetik der Einzelanlagen und die Aufstellungsgeometrie bei Windparks können dabei entscheidenden Einfluss haben. Weiterhin dürfen stillstehende und rotierende Windenergieanlagen den zivilen und militärischen Flugverkehr nicht behindern. Flugsicherheitsbestimmungen sind gegebenenfalls einzuhalten. Belästigungen durch Lärm, Störung von Funk- und Radarübertragungen sowie des Fernsehempfangs müssen für Anwohner etc. vermieden werden. Beim Einsatz üblicher Antennenanlagen sind i. Allg. keine Empfangsstörungen festzustellen. Herstellerangaben bzw. Untersuchungsergebnisse über Geräuschmessungen an Windkraftanlagen geben Hinweise auf einzuhaltende Abstände zu Siedlungen, Gehöften usw.

Bei der Genehmigung und Errichtung von Windkraftanlagen werden folgende Bundes- und Landesgesetze tangiert. Bundesweit gelten:
- Baugesetzbuch (BauGB) [99],
- Bau- und Raumordnungsgesetz (BauROG) [100],
- Baunutzungsverordnung (BauNVO) [101],
- Schutzbereichsgesetz (SchutzBerG) [102],
- Bundesnaturschutzgesetz (BNatSchG) [103],
- Bundesimmissionsschutzgesetz (BImSchG) [104],
- Bundesfernstraßengesetz (FStrG) [105],
- Luftverkehrsgesetz (LuftVG) [106] und
- Wasserstraßengesetz (WaStrG) [107].

Länderkompetenz betreffen:
- Bauordnung,
- Landesplanungsgesetz,
- Landesentwicklungsprogramm,
- Landschaftsgesetz,
- Denkmalschutzgesetz,
- Straßen- und Wegegesetz.

Aufgrund der Vielfalt ihrer Ausführungsvarianten sollen die länderspezifischen Gesetze hier nicht im einzelnen ausgeführt werden.

Weiterhin bestehen Richtlinien
- für die Zertifizierung [42],
- für statische Nachweise [108] sowie
- für die Prüfung, Abnahme und Überwachung [109]

von Windkraftanlagen.

9.1 Energiewirtschafts- und Stromeinspeisungsgesetz

Das Energiewirtschaftsgesetz [110] verlangt vom Betreiber einer Windkraftanlage, bei elektrischer Energieerzeugung das zuständige Energieversorgungsunternehmen (EVU) in Kenntnis zu setzen und den Betrieb am Netz genehmigen zu lassen. Neben technischen Anforderungen, die Schäden am öffentlichen Versorgungsnetz ausschließen, wird die Einhaltung der VDE-Bestimmungen gefordert. Dabei können die „Technischen Anschlussbedingungen" (TAB) je nach Versorgungsgebiet differieren. Die genaue Abstimmung der Schutzeinrichtungen etc. sind mit dem jeweiligen EVU vorzunehmen. Das „Erneuerbare Energien Gesetz (EEG)" schreibt Mindestpreise für die Einspeisung von Strom aus regenerativen Energien vor. Danach beträgt die Vergütung für Strom aus Windenergie mindestens 17,8 Pfennige je kWh für die Dauer von 5 Jahren gerechnet von Zeitpunkt der Inbetriebnahme. Danach beträgt die Vergütung für Anlagen, die in dieser Zeit 150 % des errechneten Ertrages der Referenzanlage gemäß Anhang des Gesetzes erzielt haben, mindestens 12,1 Pfennige je kWh. An Standorten, die nicht die Referenzerträge erreichen, verlängert sich die Frist der höheren Vergütung um 2 Monate je 0,75 Prozentpunkt, um den der Referenzertrag unterschritten wird.

9.2 Immissionsschutz

Das Bundes-Immissionsschutzgesetz [104], die VDI-Richtlinie 2058 [112] bzw. die Technische Anleitung zum Schutz gegen Lärm (TA Lärm) [113] legen die zulässigen Geräuschwerte fest. Grenzwerte für Industriegebiete sind 70 dB (A). Für Gewerbegebiete gelten bei Tag 65 und bei Nacht 50 dB(A). In Kern-, Misch- und Dorfgebieten sind maximal 60 bzw. 45 dB(A) erlaubt. Im allgemeinen Wohn- und Kleinsiedlungsgebiet werden bei Tag 55 und bei Nacht 40 dB(A) bzw. im reinen Wohngebiet 50 bzw. 35 dB(A) zugelassen. Die Höchstwerte in Kur- und Klinikgebieten betragen tagsüber 45 und nachts ebenfalls 35 dB(A). Der Abstand zum nächsten Gebäude ist so zu wählen, dass die angegebenen Grenzwerte (z.B. Schalldruckpegel für reines Wohngebiet bei Nacht) nicht überschritten werden. Dementsprechend müssen Mindestabstände eingehalten werden (DIN 2714). Weiterhin sind bereits vorhandene Geräuschemissionen z.B. auch durch Windkraftanlagen bei der Bestimmung der Lärmbelastung zu berücksichtigen. Zu beachten ist auch, dass bei Volllastbetrieb die Windgeräusche meist derart überwiegen, dass bereits in wenigen Metern Abstand von den Windkraftanlagen keine Laufgeräusche mehr feststellbar sind.

9.3 Natur- und Landschaftsschutz

Das Bundesnaturschutzgesetz (BNatSchG) stellt die Vielfalt, Eigenart und Schönheit der Natur (Tier- und Pflanzenwelt) und der Landschaft als Lebensgrundlage des Menschen und als Voraussetzung für seine Erholung unter den besonderen Schutz des Staates. Daher muss auch bei Windkraftanlagen, wie bei anderen Bauwerken, geprüft werden, ob dieser Eingriff in die Natur vertretbar ist. Unter Berücksichtigung der für die Natur positiven Effekte der Brennstoffeinsparung und der Vermeidung der damit verbundenen Emissionen werden im Naturschutzverfahren unter anderem die Auswirkungen der Windkraftanlagen auf die Vogelwelt (Vogelschlag, Verlust an Brut- und Rastplätzen) sowie die optische Beeinträchtigung der Landschaft (Fremdartigkeit, Sichtbarkeit, ortsuntypische Größendimension) beurteilt.

Die Eingriffsregelung nach § 8 Abs. 1 des BNatSchG verpflichtet den Verursacher, vermeidbare Beeinträchtigungen des Natur- und Landschaftsbildes zu unterlassen und unvermeidbare Beeinträchtigungen auszugleichen. Die Durchführung von Ausgleichs- und Ersatzmaßnahmen bzw. die Zahlung eines Ersatzgeldes wird von dieser Eingriffsregelung begründet. Da von einigen Bundesländern die positiven Umwelteffekte von Windkraftanlagen höher als die Beeinträchtigungen des Landschaftsbildes bewertet werden, wenden sie diese Regelung für Einzelanlagen und Gruppen z. B. bis zu fünf Anlagen nicht an.

9.4 Baurecht

Beim Baurecht bzw. bei der Planung von Windkraftanlagen sind im Kompetenzbereich des Bundes das „Baugesetzbuch" (BauGB) [99] mit der „Baunutzungsverordnung" (BauNVO) [101] und im Rahmen der Länderzuständigkeit die betreffenden Landesbauverordnungen (LBO) zu beachten.

Auf Bundesebene werden grundsätzliche Fragen der Genehmigung von Standorten baulicher Anlagen geregelt. Dabei wird aufgrund des Baugesetzbuches
1 die Bauleitplanung mit Bebauungs- und Flächennutzungsplan sowie die bauliche und sonstige Nutzung festgelegt;
2. in der BauNVO wird im Rahmen der Bauleitplanung die bauliche Nutzung festgelegt, wobei die Bauweise mit überbaubaren und nicht bebaubaren Grundstücksflächen sowie die in Baugebieten zulässigen baulichen Anlagen zu beachten sind.

Nach dem Baugesetzbuch wird die Planungshoheit an die örtliche Baubehörde (i. Allg. die Gemeinde) übertragen. In Bebauungsgebieten (Ortsanlagen) muss sich das Vorhaben in die bestehende Bebauung einfügen und darf das Ortsbild nicht beeinträchtigen.

Im Außenbereich ist laut § 35 des Baugesetzbuches „… ein Vorhaben nur zulässig, wenn öffentliche Belange nicht entgegenstehen, die ausreichende Erschließung gesichert ist" und wenn es „… der öffentlichen Versorgung mit Elektrizität, Wärme, Wasser etc. dient". Aufgrund der besonderen Anforderungen von Windkraftwerken an die Umgebung, z. B. durch günstige Windverhältnisse, Anschlussmöglichkeiten an das Netz u. Ä., können die Voraussetzungen für eine Baugenehmigung vorliegen. Mittlerweile gelten Windkraftanlagen (Bauen im Außenbereich) als privilegiert, wenn, wie oben genannt, keine öffentlichen Belange etc. entgegenstehen.

Baurecht

Eine Standortwahl sollte gemäß den Windverhältnissen (Messungen, Berechnungen etc.) und der Geländeeignung (Hügel, Hindernisse etc.) erfolgen.

Eine Genehmigungspflicht für die Errichtung von Windkraftanlagen ergibt sich aus den Verfahrensvorschriften für die baurechtliche Genehmigung baulicher Anlagen. Richtlinien, bis zu welcher Turmhöhe oder bis zu welchen Rotordurchmessern Windturbinen genehmigungsfrei aufgestellt werden können, sind nicht vorhanden. Bei kleineren Anlagen sind jedoch Erleichterungen in Genehmigungsverfahren und bei der Überprüfung sowie Vereinfachung im Anlagenaufbau üblich.

Es ist also grundsätzlich für alle Vorhaben ein Genehmigungsverfahren einzuleiten. Dabei empfiehlt sich, zunächst eine Bauvoranfrage über die Gemeinde an die zuständige Bauaufsichtsbehörde zu stellen. Dazu sollten eine Beschreibung der Gesamtlage, Lageplan, Grundriss und Ansicht ggf. mit Zeichnung bzw. Foto der Windkraftanlage eingereicht werden. Die Stellungnahme der Behörde klärt die grundsätzliche Errichtungsmöglichkeit und gibt Hinweise auf die weitere Vorgehensweise bezüglich Änderungen im Bebauungsplan oder an der Anlage. Weiterhin wird verwiesen auf zusätzliche Genehmigungsverfahren bei den zuständigen Behörden (z.B. Naturschutz- oder Landschaftsbehörde) für eine Aufstellung in Naturschutz- oder Landschaftsschutzgebieten oder die Notwendigkeit eines Raumordnungsverfahrens (falls noch nicht eingeleitet).

Bei der Antragsstellung zum Erhalt einer Baugenehmigung muss unterschieden werden zwischen

- privaten bzw. gewerblichen Nutzern, die einen Bauantrag an die zuständige Bauaufsichtsbehörde (Gemeinde, Landratsamt, Regierungspräsident) zu richten haben und
- Behörden, die ein Zustimmungsverfahren über den Regierungspräsidenten bei der zuständigen staatlichen Bauaufsichtsbehörde (z.B. Hochschulbauamt) einzuleiten haben.

Anzahl und Umfang der einzureichenden Unterlagen sind nicht einheitlich geregelt. Sie werden von der örtlichen Behörde jeweils genau vorgeschrieben.

Üblicherweise werden in dreifacher Ausfertigung verlangt:

- Baubeschreibung,
- Lageplan bzw. Abzeichnung der Flurkarte (1:500) mit Standort der Windkraftanlage,
- Bauzeichnungen mit Ansicht, Grundriss, mindestens einer Schnittzeichnung (1:100), die normalerweise vom Hersteller zu beziehen sind,
- Statik für Turm und Fundament zum Nachweis der Standsicherheit sowie Betriebssicherheitsnachweise,
- bei serienmäßigen Anlagen liegt in der Regel eine Typprüfung vor, wenn sie fehlt, sind folgende Einzelgenehmigungen erforderlich:
  - Gutachten, Zertifizierungsnachweis o.ä. für Bauwerk und Bauteile, gemäß den anzuwendenden Richtlinien,
  - Nachweis über die sicherheitstechnische Ausrüstung der Anlage,

- technisches Gutachten für Maschinenhaus und Rotor der Anlage,
- Untersuchungsergebnisse über Geräuschmessungen und evtl. zum Schwingungsverhalten der Anlage sowie
- Betriebsanweisungen für den Betreiber.

Im Falle einer Ablehnung werden Rechtsmittel angegeben, die zu einer Überprüfung des Verfahrens führen.

9.5 Vorgehensweise bei der Planung und Errichtung von Windkraftanlagen

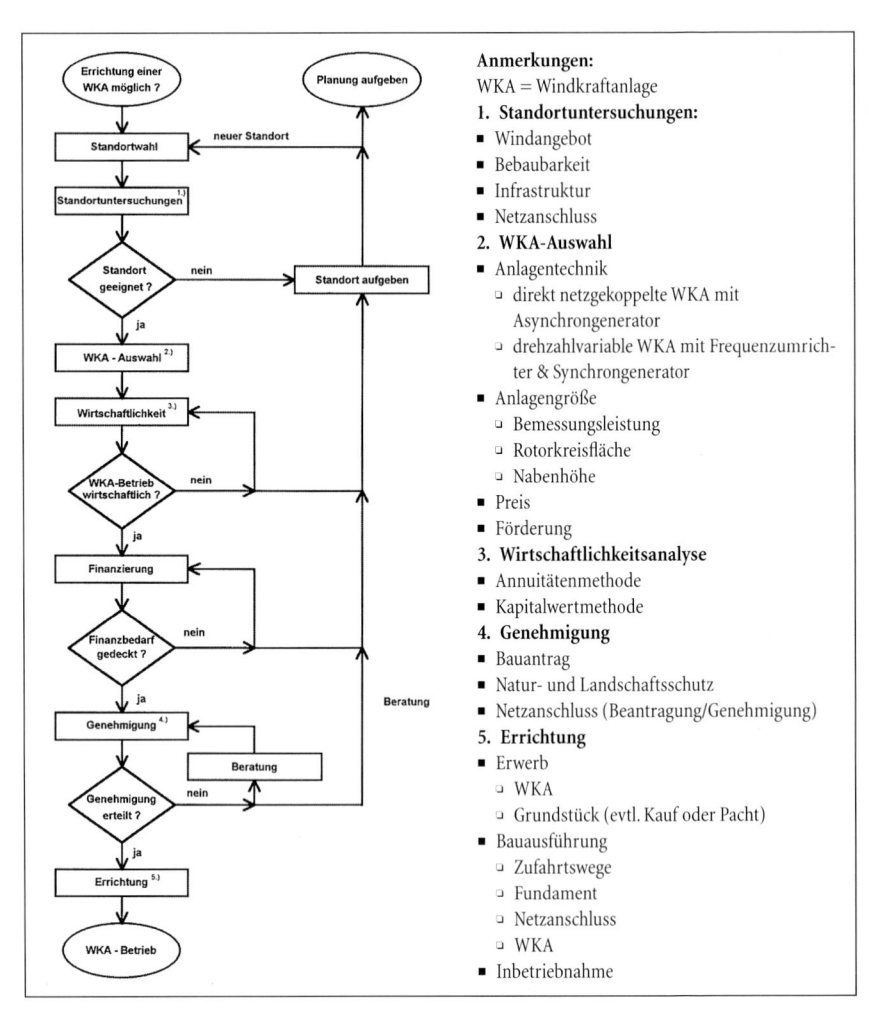

Anmerkungen:
WKA = Windkraftanlage
1. **Standortuntersuchungen:**
   - Windangebot
   - Bebaubarkeit
   - Infrastruktur
   - Netzanschluss
2. **WKA-Auswahl**
   - Anlagentechnik
     - direkt netzgekoppelte WKA mit Asynchrongenerator
     - drehzahlvariable WKA mit Frequenzumrichter & Synchrongenerator
   - Anlagengröße
     - Bemessungsleistung
     - Rotorkreisfläche
     - Nabenhöhe
   - Preis
   - Förderung
3. **Wirtschaftlichkeitsanalyse**
   - Annuitätenmethode
   - Kapitalwertmethode
4. **Genehmigung**
   - Bauantrag
   - Natur- und Landschaftsschutz
   - Netzanschluss (Beantragung/Genehmigung)
5. **Errichtung**
   - Erwerb
     - WKA
     - Grundstück (evtl. Kauf oder Pacht)
   - Bauausführung
     - Zufahrtswege
     - Fundament
     - Netzanschluss
     - WKA
   - Inbetriebnahme

10 Zitierte Literatur

[1] Ad-hoc-Ausschuss beim Bundesminister für Forschung und Technologie „Großwindanlagen". Abschlußbericht. Bonn, April 1992.
[2] Heier, S.; Kleinkauf, W.: Technik und Perspektiven der Windenergienutzung. In: Deutsches Windenergie-Institut gGmbH (DEWI), Wilhelmshaven (Hrsg.): Deutsche Windenergiekonferenz DEWEK '92, Wilhelmshaven, 28.–29. Okt. 1992. Tagungsband. 1992. S. 55–59.
[3] Heier, S.; Kleinkauf, W.: Trend zu größeren Einheiten. Technik und Perspektiven der Windenergienutzung. In: Energie. Jg. 45 (1993), H. 5, S. 2027.
[4] Heier, S.; Hoppe-Kilpper, M.; Kleinkauf, W. u. a.: Anforderungen an eine großtechnische Nutzung der Windenergie in Deutschland. In: Husum Messe, Büro Hannover (Hrsg.): Husumer Windenergietage. Husum, 22.–26. Sept. 1993. Tagungsband. 1993. S. 25–29.
[5] The American Wind Energy Association, Tehachapi, CA (United States) (Hrsg.): Wind energy: a resource for the 1990s and beyond. 1992.
[6] Bjerregaard, H.; Millais, C.; Rave, K.: Windstärke 10. Wie bis zum Jahr 2020 10 % des weltweiten Elektrizitätsverbrauchs durch Windenergie gedeckt werden und 1,7 Mio. Arbeitsplätze entstehen. Eine Studie. In: Wind-Kraft-Journal. Jg. 19 (1999), H. 5, S. 48–49.
[7] Caspar, W.: Auswertung der Windunterlagen für die Windkraftnutzung im Bundesgebiet. In: Mitteilungen der Studiengesellschaft Windkraft e. V. 1955, H. 4.
[8] European Wind Energy Association, Brussel (Belgium).
[9] Döpfer, R.; Otto, K.: Untersuchung eines Mittelgebirgsstandortes im Hinblick auf die Eignung zur Windenergienutzung. Abschlussarbeit Energie und Umwelt. Universität Gesamthochschule Kassel, 1994.
[10] Durstewitz, M. (Bearb.); Ensslin, C. (Bearb.); Hahn, B. (Bearb.) u.a.: Wissenschaftliches Mess- und Evaluierungsprogramm (WMEP) zum Breitentest „250 MW-Wind". Jahresauswertungen 1990–1998. Kassel: Institut für Solare Energieversorgungstechnik (ISET), 1990–1998.
[11] Durstewitz, M.; Ensslin, C.; Rohrig, K. u.a.: Ausgewählte Betriebserfahrungen mit Windkraftanlagen im Binnenland. In: Wind Energie Aktuell, Jg. 4 (1994), H. 10, S. 22–26.
[12] Meliß, M. (Red.): Energiequellen für morgen? Nichtnukleare, nichtfossile Primärenergiequellen. Teil 3: Nutzung der Windenergie. Frankfurt: Umschau-Verl., 1975. VII, 194 S., Ill.
[13] Windheim, R.: Nutzung der Windenergie. Jülich: KFA, 1980.
[14] Selzer, H.: Wind energy. Potential of wind energy in the European Community. An assessment study. Solar Energy R & D in the European Community, Series G. EUR 10376. Dordrecht (Netherlands): D. Reidel Publishing Co., 1986. 155 S., ISBN 90-277-2205-6.

Zitierte Literatur

[15] Bierbauer, H. von: Darstellung realistischer Regionen für die Errichtung insbesondere großer Windenergieanlagen in der Bundesrepublik Deutschland. BMFT-FB-T85-053. Eggenstein-Leopoldshafen: Fachinformationszentrum Energie, Physik, Mathematik, 1985. 649 S., Ill.

[16] Fichtner Development Engineering GmbH, Stuttgart (Hrsg.); Bundesministerium für Forschung und Technologie, Bonn (Hrsg.): Abschätzung des wirtschaftlichen Potentials der Windenergienutzung in Deutschland und des bis 2000/2005 erwartbaren Realisierungsgrades sowie der Auswirkung von Fördermaßnahmen. Endfassung. BMFT Forschungsvorhaben 029109A. Juli 1991. 184 S.

[17] Consulectra Unternehmensberatung GmbH, Hamburg (Hrsg.): Wind Power Penetration Study of the European Commission. 1991.

[18] European Wind Energy Association, Brussel (Belgium) (Hrsg.): Time for Action/Wind Energy in Europe, CEC DG XVII, Oct. 1991.

[19] Deutsches Windenergie-Institut gGmbH (DEWI), Wilhelmshaven (Hrsg.): Feststellung geeigneter Flächen als Grundlage für die Standortsicherung von Windparks im nördlichen Niedersachen. Deutsches Windenergieinstitut im Auftrag des Niedersächsischen Umweltministeriums. Wilhelmshaven, Jan. 1993.

[20] Glocker, S.; Richter, B.; Schwabe, J.: Methoden und Ergebnisse bei der Ermittlung von Windenergiepotentialen und Flächen in Mecklenburg-Vorpommern, Hamburg und Schleswig-Holstein. In: Deutsches Windenergie-Institut gGmbH (DEWI), Wilhelmshaven (Hrsg.): Deutsche Windenergiekonferenz DEWEK '92, Wilhelmshaven, 28.–29. Okt. 1992. Tagungsband. 1992. S. 93–99.

[21] Schmidt, H.: Wind and Wave Conditions in 55 Coastal Sea Areas of the European Community Determined from Weather Observations of Voluntary Ships. In: Proceedings of ECWEC Conference, Travemünde (Germany), 8.–12. March 1993.

[22] Petersen, E.L.: Wind resources. Part 1: The European wind climatology. In: Contributions from the Department of Meterology and Wind Energy to the EWEC '93 Conference in Travemünde, 8.–12. March 1993. Roskilde (Denmark): Riscoe National Lab., March 1993. 73 S., ISBN 87-550-1894-7.

[23] Wastling, M.; Matthies, H.: Study of offshore wind energy in the EC. Vol. 4. Harwell (Great Britain): Energy Technology Support Unit (ETSU), 1994. 131 S.

[24] Lange, B.; Hoejstrup, J.: Validierung von WAsP für Offshore-Standorte in küstennahen Gewässern. In: Deutsches Windenergie-Institut gGmbH, Wilhelmshaven (DEWI) (Hrsg.): 4. Deutsche Windenergie-Konferenz. DEWEK '98. 21.–22. Okt. 1998. Tagungsband. 1999. S. 112–115.

[25] Kühn, M.; Bierbooms, W.A.A.M.; Bussel, G.J.W. van u. a.: Konstruktive und wirtschaftliche Optimierung von Offshore-Windparks durch Anwendung einer integrierten Entwurfsphilosophie. In: Deutsches Windenergie-Institut gGmbH, Wilhelmshaven (DEWI)

(Hrsg.): 4. Deutsche Windenergie-Konferenz. DEWEK '98. 21.–22. Okt. 1998. Tagungsband. 1999. S. 116–121.

[26] Heier, S.; Hoppe-Kilpper, M.; Kleinkauf, W.: Wohin weht der Wind? In: Globus. 1994, H. 3, S. 10–14.

[27] Durstewitz, M.; Heier, S.; Hoppe-Kilpper, M. u. a.: Entwicklung der Windenergietechnik in Deutschland. Plenarvortrag Windenergie. Gehalten während des Internationalen Sonnenforums, 26.–30. Juli 1998, Köln.

[28] Durstewitz, M.; Heier, S.; Hoppe-Kilpper, M. u. a.: Ausbaustrategien für die Windenergienutzung in Deutschland. In: Forschungsverbund Sonnenenergie, Köln (Hrsg.): Nachhaltigkeit und Energie. Forschungsverbund Sonnenenergie Themen 98/99. 1999. S. 40–45.

[29] Heier, S.: Windkraftanlagen im Netzbetrieb. Stuttgart: Teubner, 1996. XI, 396 S., 2. überarb. u. erw. Aufl., ISBN 3-519-16171-0.

[30] Heier, S.: Grid integration of wind energy conversion systems. Chichester (Great Britain): Wiley, 1998. XX, 385 S., Ill., ISBN 0-471-97143-X.

[31] Molly, J.-P.: Windenergie: Theorie – Anwendung – Messung. Karlsruhe: Müller, 1990. VIII, 315 S., Ill., 2. völlig überarb. u. erw. Aufl., ISBN 3-7880-7269-5.

[32] Betz, A.: Windenergie und ihre Ausnutzung durch Windmühlen. Göttingen: Vandenhoeck und Ruprecht, 1926. V, 64 S.

[33] Moretti, P. M.; Divone, L. V.: Moderne Windkraftanlagen. In: Spektrum der Wissenschaft, Jg. 8 (1986), H. 8, S. 60–67.

[34] Heier, S.: Windenergiekonverter und mechanische Energiewandler: Anpassung und Regelung. In: Deutsche Gesellschaft für Sonnenenergie (DGS), Bremen (Hrsg.): Energie vom Wind. 4. Tagung der Deutschen Gesellschaft für Sonnenenergie (DGS), Bremen 7.–8. Juni 1977. S. 187–222.

[35] GKSS-Forschungszentrum Geesthacht GmbH (Hrsg.): Versuchsfeld Pellworm für Windkraftanlagen. 1980.

[36] Heier, S.; Kleinkauf, W.; Raptis, F.: Rural Electrification with Hybrid Plants. In: 20th International Conference on rural electrification and rational use of energy in agriculture. Agadir (Marocco), 21.–25. April 1997. S. 3.1–3.7.

[37] Kleinkauf, W.; Raptis, F.; Zacharias, P.: Gestaltung von Hybridsystemen – Modularisierung und Standardisierung der Systemtechnik. In: Ostbayerisches Technologie-Transfer-Institut e. V. (OTTI), Regensburg (Hrsg.): 11. Symposium photovoltaische Solarenergie. Staffelstein, 13.–15. März 1996. Tagungsband. 1996. S. 223–231.

[38] Kleinkauf, W.; Raptis, F.; Sachau, J. u. a.: Modular systems technology for decentral electrification. In: 13th European Photovoltaic Solar Energy Conference, Nice (France), Oct. 1995.

[39] Hau, E.: Windkraftanlagen. Grundlagen, Technik, Einsatz, Wirtschaftlichkeit. Heidelberg: Springer, 1996. 681 S., 2. überarb., aktual. Aufl., ISBN 3-540-57430-1.

[40] Schatter, W.: Windkonverter. Bauarten, Wirkungsgrade, Auslegung. Braunschweig: Vieweg, 1987. 371 S., ISBN 3-528-03355-X.

[41] Gasch, R. (Hrsg.): Windkraftanlagen. Grundlagen und Entwurf. Stuttgart: Teubner, 1996. XIV, 390 S., Ill., 3. überarb. u. erw. Aufl., ISBN 3-519-26334-3.

[42] Germanischer Lloyd, Hamburg (Hrsg.): Richtlinie für die Zertifizierung von Windkraftanlagen. Vorschriften und Richtlinien. IV – Nichtmaritime Technik. Teil 1 – Windenergie. Aug. 1999.

[43] Caselitz, P.; Giebhardt, J.; Mevenkamp, M.: On-line Fault Detection and Prediction in Wind Energy Converters. In: European Wind Energy Association conference and exhibition (EWEC). Thessaloniki (Greece), 10.–14. Oct. 1994.

[44] Caselitz, P.; Giebhardt, J.; Mevenkamp, M. u. a.: Fehlerfrüherkennung in Windkraftanlagen. Abschlussbericht. BMBF-Förderkennzeichen 0329304A. Kassel: Institut für Solare Energieversorgungstechnik (ISET). Juni 1999. 194 S.

[45] Caselitz, P.; Giebhardt, J.; Mevenkamp, M.: Verwendung von WMEP-Onlinemessungen bei der Entwicklung eines Fehlerfrüherkennungssystems für Windkraftanlagen. In: Institut für Solare Energieversorgungstechnik (ISET), Kassel (Hrsg.): Wissenschaftliches Meß- und Evaluierungsprogramm (WMEP) zum Breitentest „250 MW Wind". Jahresauswertung 1994. 1995. S. 155–161.

[46] Caselitz, P.; Giebhardt, J.; Krüger, T. u. a.: Development of a fault detection system for wind energy converters. In: European Union wind energy conference 1996. Goeteborg (Sweden), 20.–24. May 1996. Proceedings. Bedford: H. S. Stephens, 1996. ISBN 0-9521452-9-4. S. 1004–1007.

[47] Morbitzer, D.: Simulation und meßtechnische Untersuchungen der Treibstrangdynamik von Windkraftanlagen. Diplomarbeit I. Universität Gesamthochschule Kassel. ISET, 1995.

[48] Osbahr, T.: Untersuchung von Parameterschätzverfahren für die Fehlerfrüherkennung in Windkraftanlagen. Diplomarbeit. Universität Hannover. ISET, 1995.

[49] Eibach, T.: Untersuchung von Verfahren der Lager- und Getriebeüberwachung für die Fehlerfrüherkennung in Windkraftanlagen. Diplomarbeit I. Universität Gesamthochschule Kassel. ISET, 1995.

[50] Adam, H.: Implementierung und Untersuchung Künstlicher Neuronaler Netze zur Fehlerfrüherkennung in Windkraftanlagen. Studienarbeit. Universität Gesamthochschule Kassel. ISET, 1995.

[51] Hobein, A.: Entwicklung eines Hardware-Moduls zur analogen Leistungsberechnung für ein PC-gestütztes Meßdatenerfassungssystem. Studienarbeit. Universität Gesamthochschule Kassel. ISET, 1995.

[52] Werner, U.: Entwicklung eines Hardware-Moduls zur Drehzahlmessung für ein PC-gestütztes Meßdatenerfassungssystem. Studienarbeit. Universität Gesamthochschule Kassel. ISET, 1995.

[53] Multi-Mega-Watt-Kraftwerksklasse. In: Wind-Kraft & Natürliche Energien Journal. Jg. 19 (1999), H. 4, S. 26–29.
[54] Happoldt, H.; Oeding, D.: Elektrische Kraftwerke und Netze. Berlin: Springer, 1978. XII, 673 S., Ill., 5. völlig neubearb. Aufl., ISBN 3-540-08307-7.
[55] Leonhard, W.: Regelung in der elektrischen Energieversorgung. Eine Einführung. Stuttgart: Teubner, 1980. 196 S., Ill., ISBN 3-519-06109-0.
[56] Nelles, D.; Tuttas, C.: Elektrische Energietechnik. Stuttgart: Teubner, 1998. 484 S., ISBN 3-519-06427-8.
[57] Haubrich, H.J.: Elektrische Energieversorgungssysteme. Technische und wirtschaftliche Zusammenhänge. Aachen: G. Mainz, 1996. 272 S., ISBN 3-89653-190-5.
[58] Handschin, E.: Elektrische Energieübertragungssysteme. Heidelberg: Hüthig, 1987. 311 S., ISBN 3-7785-1401-6.
[59] Vereinigung Deutscher Elektrizitätswerke e. V. (VDEW), Frankfurt a. M. (Hrsg.): Grundsätze für die Beurteilung von Netzrückgewinnung. Korrigierter Nachdruck. Frankfurt a. Main: VWEW-Verl., 1997. ISBN 3-8022-0311-9.
[60] Vereinigung Deutscher Elektrizitätswerke e. V. (VDEW), Frankfurt a. M. (Hrsg.): Technische Anschlußbedingungen für den Anschluß an das Niederspannungsnetz. Frankfurt a. Main: VWEW-Verlag, 1991. 23 S., ISBN 3-8022-0287-2.
[61] Cramer, G.; Drews, P.; Grawunder, M. u.a.: Betriebsverhalten von Windenergieanlagen. Schlußbericht zum BMFT-Forschungsvorhaben 03E4362-A. Bd. 1 u. 2. Juli 1984. BMFT FB-T 84–154.
[62] Heier, S.: Regelungskonzepte für Windenergieanlagen. In: Elektrotechnik (Schweiz). Jg. 39 (1988), H. 9, S. 51–56.
[63] Kleinkauf, W.; Heier, S.: Regelungskonzept für GROWIAN (Große Windenergieanlage). In: Kernforschungsanlage Jülich GmbH. Projektleitung Energieforschung (Hrsg.): Seminar und Statusreport Windenergie. Jülich, 23.–24. Okt. 1978. S. 407–418.
[64] Leonhard, W.: Regelung in der elektrischen Antriebstechnik. Berlin: Springer, 1985. 346 S., ISBN 3-540-13650-9.
[65] Blaschke, F.: Das Verfahren der Feldorientierung zur Regelung der Drehfeldmaschine. Dissertation. Technische Universität Braunschweig, 1973.
[66] Arsudis, D.: Doppeltgespeister Drehstromgenerator mit Spannungszwischen-kreis-Umrichter im Rotorkreis für Windkraftanlagen. Dissertation. Technische Universität Braunschweig, 1989. 170 S.
[67] Fördergesellschaft Windenergie e. V. (FGW), Hamburg (Hrsg.): Richtlinie zur Bewertung der elektrischen Eigenschaften einer WEA hinsichtlich der Netzanbindung (Fördergesellschaft Windenergie e. V. [FGW], Hamburg). Revision 13, Januar 2000.
[68] Vereinigung Deutscher Elektrizitätswerke e. V. (VDEW), Frankfurt a. M. (Hrsg.): Richtlinien für den Parallelbetrieb von Eigenerzeugungsanlagen mit dem Niederspannungs-

netz des Elektrizitätsversorgungsunternehmens (EVU). Frankfurt a. Main: VDEW-Verl., 1996. 44 S. Ergänzter Nachdruck. ISBN 3-8022-0480-8.

[69] Vereinigung Deutscher Elektrizitätswerke e. V. (VDEW), Frankfurt a. M. (Hrsg.): Technische Richtlinie „Bau und Betrieb von Übergabestationen zur Versorgung von Kunden aus dem Mittelspannungsnetz". Frankfurt a. M.: VDEW-Verl., 1997. 36 S. Unveränderter Nachdruck d. 2. Ausg. v. 1994. ISBN 3-8022-0406-9.

[70] Heier, S.: Windkraftanlagen im Netzbetrieb. In: Deutsches Windenergie-Institut gGmbH, Wilhelmshaven (Hrsg.): Deutsche Windenergiekonferenz DEWEK '92, Wilhelmshaven, 28.–29. Okt. 1992. Tagungsband. 1992. S. 141–145.

[71] Heier, S.: Grid Influence by Wind Energy Converts. In: International Energy Agency (IEA), Brussel (Belgium) (Hrsg.): Expertmeeting Goeteborg (Sweden). Oct. 1991. S. 37–50.

[72] Heier, S.: Grid Influence by Wind Energy Converters. In: International Seminar on the Commercialization of Solar and Wind Energy Technologies. 7.–16. April 1992, Amman (Jordan).

[73] Heier, S.: Netzintegration von Windkraftanlagen. In: Fördergesellschaft Windenergie (FGW) Workshop „ Netzanbindung von Windkraftanlagen". Hannover, 23. Febr. 1993.

[74] Heier, S.: Technical aspects of wind energy converters and grid connection. In: Forster, J. E. (Hrsg.); British Wind Energy Association, London (United Kingdom) (Hrsg.); Rutherford Appleton Lab., Chilton (United Kingdom) (Hrsg.): Workshop on wind energy penetration into weak electricity networks. Proceedings. Abingdon (United Kindom), 10.–12. June 1993. 1993. ISBN 1-870064-17-8, S. 38–55.

[75] Heier, S.: Netzeinwirkungen durch Windkraftanlagen und Maßnahmen zur Verminderung. In: Husum Messe, Büro Hannover (Hrsg.): Husumer Windenergietage. Husum, 22.–26. Sept. 1993. Tagungsband. 1993. S. 157–168.

[76] Dangrieß, G.; Heier, S.; König, V. u.a.: Konzeptionen zur Ausnutzung der Netzkapazität. In: Deutsches Windenergie-Institut gGmbH (DEWI), Wilhelmshaven (Hrsg.): 2. Deutsche Windenergie-Konferenz DEWEK '94. Wilhelmshaven, 22.-24. Juni 1994. Tagungsband. 1994. S. 163–170.

[77] Arnold, G.; Heier, S.: Netzregelung mit regenerativen Energieversorgungssystemen. In: 4. Kasseler Symposium „Energie-Systemtechnik" 99. Kassel, 4.–5. Nov. 1999. Tagungsband.

[78] Cramer, G.; Durstewitz, M.; Heier, S. u.a.: 1,2 MW-Stromrichter am schwachen Netz. Filterauslegung zur Reduzierung von Stromoberschwingungen. In: SMA-Regelsysteme GmbH, Niestetal-Kassel (Hrsg.): SMA-Info. 1993, H. 10 (April), S. 10–11.

[79] Durstewitz, M; Heier, S.; Reinmöller-Kringe, M.: Netzspezifische Filterauslegung. In: 3. Kasseler Symposium Energie-Systemtechnik: Erneuerbare Energien und rationelle Energieverwendung. Kassel, 1. 2. 10. 1998. Tagungsband. S. 118–129.

[80] Heier, S.: Grid Influences by Wind Energy Converters and Reduction measures. In: Ame-

rican Wind Energy Association (AWEA), Washington DC (USA) (Hrsg.): 24 th Annual Conference and Exhibition. 1994, Minneapolis (USA), 9.–13. Mai 1994.

[81] Heier, S.; Bunzenthal, K.; Durstewitz, M. u. a.: Messtechnische Untersuchungen am Windpark Westküste. Untersuchungen der elektrischen Komponenten von Windenergieanlagen und ihrer Integration in schwache Netze. Abschlussbericht zum Forschungsvorhaben BMFT 0328735C. April 1992. 128 S.

[82] Durstewitz, M.; Heier, S.; Hoppe-Kilpper, M. u. a.: Meßtechnische Untersuchungen am Windpark Westküste. Untersuchung der elektrischen Komponenten von Windkraftanlagen und ihrer Integration in schwache Netze. In: Forschungszentrum Jülich GmbH. Projektträger Biologie, Energie, Ökologie (BEO) (Hrsg.): Statusreport 1990. Windenergie. Heide: Westholsteinische Verlagsanst., 1990. S. 347–352.

[83] Durstewitz, M.; Enßlin, C.; Heier, S. u. a.: Wind Farms in the German „250 MW Wind"-Programme. In: European Wind Energy Association Brussel (Belgium) (Hrsg.): Special Topic Conference 1992, Herning (Denmark). 1992. S. B4-1 bis B.4-7.

[84] Rohrig, K.: Onlineerfassung und Prognose der Windeinspeisung für Versorgungsgebiete. In: Wind Kongress des Bundesverbandes Wind Energie e. V. (BWE). Hannover, 20.–21. März 2000.

[85] Durstewitz, M.; Enßlin, C.; Hoppe-Kilpper, M. u. a.: Leistungsbeitrag der Windenergie in Deutschland. In: ETG-Tage 1997/PES-Summer meeting. Berlin, 20.–24. Juli 1997.

[86] Beyer, H. G.; Heinemann, D.; Mellinghoff, H. u. a.: Vorhersage der regionalen Leistungsabgabe von Windkraftanlagen. In: Deutsches Windenergie-Institut gGmbH (DEWI), Wilhelmshaven (Hrsg.): 4. Deutsche Windenergie-Konferenz (DEWEK '98). 21.–22. Okt. 1998. Tagungsband. 1999. S. 57–60.

[87] Diedrichs, V.: Möglichkeiten der Erhöhung der Anschlußleistung durch Lastflußmanagement. In: Husum Wind 99: Fachmesse und Fachkongress zur Windenergie. Husum, 22.–26. Sept. 1999.

[88] Diedrichs, V.: Energieversorgung mit dezentralen Kleinkraftwerken in leistungsbegrenzten Versorgungsnetzen. Informationen aus dem Forschungsschwerpunkt, Fachhochschule Wilhelmshaven. Oktober 1999.

[89] Heier, S.; Kleinkauf, W.; Sachau, J.: Wind Energy Converters at Weak Grids. In: European Community Wind Energy Conference. Herning (Denmark), June 1988, (Denmark), 1988. ISBN 0-9510271-7-4. S. 429–433.

[90] Cramer, G.: Modulare autonome elektrische Energieversorgungssysteme werden zunehmend interessanter. In: SMA Regelsysteme GmbH, Kassel (Hrsg.): SMA info 4, III/90, 1990. S. 1–6.

[91] Burger, B.; Cramer, G.: Modularer Batteriewechselrichter für den Einsatz in Hybridsystemen. In: 4. Kasseler Symposium „Energie-Systemtechnik 99". Kassel, 4.–5. November 1999.

[92] Windkraftanlagen Markt –Typen, Technik, Preise 1999. Erneuerbare Energien. Sonder druck. Hannover: Verlag Sun Media GmbH, 1999.

[93] Bundesverband Wind Energie e. V., Osnabrück (Hrsg.): Windenergie 1999 Marktübersicht 1999.

[94] Heier, S.; Kleinkauf, W.: Windpark Kythnos. In: Kernforschungsanlage Jülich GmbH Projektleitung Energieforschung (PLE) (Hrsg.): Implementing agreement for co-opera tion in the development of large scale wind energy conversion systems. Proceedings of the 10th meeting of experts-utility and operational experiences and issues from major wind installations. Palo Alto, CA (USA), 12.–14. Oct. 1983. März 1984. Jül-Spez 249 S. 119–128.

[95] Cramer, G.; Reinmöller-Kringel, M.: Energieversorgung für Rathlin Island. In: SMA Regelsysteme GmbH, Kassel (Hrsg.): SMA info 10, VI/93. 1993. S. 1–3.

[96] Heier, S.: Technical Aspects of Electrical Supply Systems for Villages. Seminar Decentra lized Power for Indian Villages. Indian Institute of Technology, New Delhi (India), 1992. S. 107–127.

[97] Fachinformationszentrum Karlsruhe. Gesellschaft für wissenschaftlich-technische Infor mation mbh. Büro Bonn (Hrsg.): Förderfibel Energie. Öffentliche Finanzhilfen für den Einsatz erneuerbarer Energiequellen und die rationale Energieverwendung. Köln: Ver lag Deutscher Wirtschaftsdienst,1999. 267 S. 6. erw. u. aktual. Aufl. ISBN 3-87156 239-4.

[98] Kleinkauf, W.: Technisch-wirtschaftliche Aspekte zum Betrieb von Windkraftanlagen. In: Bundesverband Solarenergie, München (Hrsg.): Bewertung der Wirtschaftlichkeit regenerativer Energien, 1982. S. 193–209.

[99] Baugesetzbuch (Bau GB), Bekanntmachung vom 8. 12. 86 (BGBl. I S. 2253), Änderung durch Artikel 24 Jahressteuergesetz 1997 vom 20. 12. 96 (BGBl. I S. 2049).

[100] Bau- und Raumordnungsgesetz 1998 (BauROG) vom 18. 8. 97 (BGBl. I S 2081).

[101] Baunutzungsverordnung (BauNVO), Bekanntmachung vom 23. 1. 90 (BGBl. I S. 132), Änderung durch Artikel 3 Investitionserleichterungs- und Wohnbauland-Gesetz vom 22. 4. 94 (BGBl. I S. 466).

[102] Schutzbereichsgesetz (SchutzBerG) vom 7. 12. 56 (BGBl. I S. 899), Änderung vom 3. 12 76 (BGBl. I S. 3281).

[103] Bundesnaturschutzgesetz (BNatSchG), Bekanntmachung vom 12. 3. 87 (BGBl. I S. 898), Änderung 6. 8. 93 (BGBl. I S. 1458).

[104] Bundes-Immissionsschutzgesetz (BImSchG), Fassung vom 14. 5. 90 (BGBl. I S. 880), Änderung vom 9. 10. 96 (BGBl. I S. 1498).

[105] Bundesfernstraßengesetz (FStrG), Fassung vom 19. 4. 94 (BGBl. I S. 854).

[106] Luftverkehrsgesetz (LuftVG), Fassung vom 14. 1. 81 (BGBl. I S. 61), Änderung vom 19. 10. 94 (BGBl. I S. 2978).

[107] Wasserstraßengesetz (WaStrG), Fassung vom 23. 8. 90 (BGBl. I S. 1818), Änderung vom 6. 6. 95 (BGBl. I S. 2524).
[108] Deutsches Institut für Bautechnik, Berlin (Hrsg.): Richtlinie für Windkraftanlagen. Einwirkungen und Standsicherheitsnachweise für Turm und Gründung. Juni 1993.
[109] Germanischer Lloyd, Hamburg (Hrsg.): Richtlinie für die Prüfung, Abnahme und Überwachung von Windkraftanlagen. September 1987.
[110] Energierecht mit allgemeinen Versorgungsbedingungen für Elektrizität, Gas, Fernwärme. Textausgabe. Enthält: Energiewirtschaftgesetz. München: Beck, 1980.
[111] Gesetzentwurf SPD/Grüne „Förderung der Stromerzeugung aus erneuerbaren Energien" (Ern.-Energien-Gesetz/EEG), 1. Lesung des Bundestages vom 16. 12. 1999.
[112] Geräuschimmissions-Richtwerte. VDI-Richtlinie 2058. Blatt 1. September 1985.
[113] Technische Anleitung zum Schutz gegen Lärm (TA Lärm) vom 16. 7. 1968. In: Beilage zum Bundesanzeiger Nr. 137 vom 26. 7. 1968.

11 Laufende und abgeschlossene Forschungsvorhaben des Bundesministeriums für Wirtschaft und Technologie

Im folgenden werden Forschungsvorhaben zum Thema „Nutzung der Windenergie" aufgelistet, die vom Bundesministerum für Wirtschaft und Technologie (BMWi) gefördert werden. Einen Überblick über die Energieforschung bietet der **Jahresbericht Energieforschung und Energietechnologien, Erneuerbare Energiequellen, Rationelle Energieverwendung** der vom Fachinformationszentrum Karlsruhe, Büro Bonn im Auftrag des BMWi erstellt wird. Einen Bestellprospekt senden wir Ihnen gerne zu.

Hinweis: Die Sortierung der Forschungsvorhaben erfolgt nach dem Förderkennzeichen (FKZ).

11.1 Laufende und kürzlich abgeschlossene Forschungsvorhaben

Windkraftgetriebene Meerwasserentsalzungsanlage in Dranske auf Rügen
Rügenwasser GmbH, Putbusser Chaussee 1, 18528 Bergen/Rügen
FKZ 0328486E, Laufzeit 1. 6. 93–31. 12. 97

Fehlerfrüherkennung in Windkraftanlagen
Institut für Solare Energieversorgungstechnik (ISET), Verein an der Universität Gesamthochschule Kassel e. V., Königstor 59, 34119 Kassel
FKZ 0329304A, Laufzeit 1. 1. 94–31. 12. 98

Erste Aufbereitung von flächenhaften Wind-Messdaten aus Höhen bis 150 m über Grund für ein späteres Archiv „Winddaten aus Sondermessungen" und für weitere wissenschaftlich-technische Auswertungen
Deutscher Wetterdienst (DWD), Frankfurter Str. 135, 63067 Offenbach
FKZ 0329372A, Laufzeit 1. 4. 92–31. 1. 98

Erprobung von Windenergieanlagen unter verschiedenen klimatischen Bedingungen „Eldorado-Programm Wind"
Husumer Schiffswerft, Inh. Gebr. Kroeger GmbH & Co. KG, Rödernishallig, 25813 Husum
FKZ 0329420B, Laufzeit 1. 6. 94–30. 5. 98

Bereitstellung spezieller Winddaten als Grundlage zur Bestimmung des Windenergie

potentials an geplanten Konverterstandorten, insbesondere in orographisch gegliedertem Gelände
Deutscher Wetterdienst (DWD), Frankfurter Str. 135, 63067 Offenbach
FKZ 0329541A, Laufzeit 1.7.93–31.8.98

Untersuchung von Netzbeeinträchtigungen durch Windkraftanlagen
Windtest Kaiser-Wilhelm-Koog GmbH, Sommerdeich 14 b, 25709 Kaiser-Wilhelm- Koog
FKZ 0329625, Laufzeit 1.1.95–31.12.96

Analyse der Windkraftnutzung mit Großwindkraftanlagen im Binnenland und Demonstration einer 1-MW-Anlage
RWE Energie AG, Kruppstr. 5, 45128 Essen
FKZ 0329654A, Laufzeit 1.6.95–30.9.99

Regelung von Großwindkraftanlagen für Standorte in Mittelgebirgslagen
Institut für Solare Energieversorgungstechnik (ISET), Verein an der Universität Gesamthochschule Kassel e.V., Königstor 59, 34119 Kassel
FKZ 0329665, Laufzeit 1.7.95–30.6.98

Blitzschutz von Windkraftanlagen
Fördergesellschaft Windenergie e.V., Elbehafen, 25541 Brunsbüttel
FKZ 0329732, Laufzeit 1.10.96–30.9.99

Entwicklung und Erprobung einer Aktiv-Stall-Rotorblatt-Familie für Windkraftanlagen der mittleren und Megawatt-Leistungsklasse
Abeking & Rasmussen Rotec GmbH, Flughafenstr. 4, 27809 Lemwerder
FKZ 0329744, Laufzeit 1.8.96–30.6.99

Entwicklung einer Großwindenergieanlage mit einer Nennleistung von 4 MW, einem Rotordurchmesser von 112 und einer Nabenhöhe von ca. 130 m
ENERCON GmbH, Dreekamp 5, 26605 Aurich
FKZ 0329824, Laufzeit 1.8.98–31.10.00

Systemtechnische Analyse der Auswirkungen einer windtechnischen Stromerzeugung auf den konventionellen Kraftwerkspark
Universität Stuttgart, Institut für Energiewirtschaft und Rationelle Energieanwendung (IER), Heßbrühlstr. 49a, 70565 Stuttgart
FKZ ET9611A, Laufzeit 1.7.96–31.3.98

Durchführung des Wissenschaftlichen Mess- und Evaluierungsprogramms „250 MW Wind" – Phase II
Institut für Solare Energieversorgungstechnik (ISET), Verein an der Universität Gesamthochschule Kassel e. V., Königstor 59, 34119 Kassel
FKZ 03W0001G, Laufzeit 1. 7. 92–30. 6. 96

11.2 Forschungsberichte und abgeschlossene Vorhaben

Bei den nachfolgend aufgeführten Forschungsberichten handelt es sich um eine Auswahl aus dem Spektrum der in der Bundesrepublik erscheinenden Berichte zum Thema „Nutzung der Windenergie". Forschungsberichte aus dem naturwissenschaftlich-technischen Bereich werden zentral von der Technischen Informationsbibliothek (TIB) in Hannover gesammelt und können dort ausgeliehen werden. Die bibliographischen Angaben enthalten soweit bekannt, die Signatur der TIB. Die Bestelladresse für Forschungsberichte lautet:

Technische Informationsbibliothek Hannover (TIB), Postfach 60 80, 30060 Hannover

Die vom Fachinformationszentrum Karlsruhe angebotenen, ständig aktualisierten Datenbanken **„SIGLE – System für Information über Graue Literatur in Europa"** und **„TIBKAT"** (Bestandskatalog der Technischen Informationsbibliothek Hannover) verzeichnen die in der Bundesrepublik erscheinenden Forschungsberichte.

Die **Sortierung** der Forschungsberichte in nachfolgender Auflistung erfolgt innerhalb der Untergruppen nach dem **Förderkennzeichen (FKZ)**.

Windkraftgetriebene Meerwasserentsalzungsanlage in Dranske auf Rügen. Schlussbericht
Autor: Coutelle, Rainer; Durchführung: Rügenwasser GmbH, Bergen/Rügen; FKZ 0328486E 1998, V, 240 S., Ill.; Signatur TIB Hannover: F98B1760, F98B1760+a

Modellierung des Leistungsverhaltens von Windparks. Abschlussbericht
Autoren: Beyer, Hans Georg/Waldl, Hans-Peter; Durchführung: Carl-von-Ossietzky-Universität, Oldenburg, Arbeitsgruppe Regenerative Energien, Fachbereich Physik; FKZ 0329165A 1995, 139 S., Ill.; Signatur TIB Hannover: F96B425 F96B425+a

Fehlerfrüherkennung in Windkraftanlagen. Abschlussbericht
Autor: Caselitz, P.; Durchführung: Institut für Solare Energieversorgungstechnik (ISET) Kassel, Abt. Regelungstechnik; FKZ 0329304A; 1999, 194 S.; Signatur TIB Hannover F99B965+a

Ermittlung von Ermüdungslasten an großen Windkraftanlagen. Endbericht
Autoren: Hinsch, Christian/Seifert, Henry/Söker, Holger; Durchführung: Verband Deutscher Maschinen- und Anlagenbau e. V. (VDMA), Frankfurt a. M.; FKZ 0329647; 1998, 51 S., Ill.; Signatur TIB Hannover: F98B1777, F98B1777+a

Regelung von Großwindkraftanlagen für Standorte in Mittelgebirgsanlagen. Abschlussbericht
Autoren: Caselitz, P./Krüger, T./Petschenka, J., u.a.; Durchführung: Institut für Solare Energieversorgungstechnik (ISET), Kassel; FKZ 0329665; 1998, 77 S.; Signatur TIB Hannover: F98B1289+a

Geräuschminderung durch Modifikation der Blattspitze, der Blatthinterkante und des Anstellwinkels von Windkraftanlagen. Abschlussbericht
Autoren: Betke, K./Gabriel, J./Klug, H., u.a.; Durchführung: Fördergesellschaft Windenergie e. V., Brunsbüttel; FKZ 0329669; 1997, 117 S.; Signatur TIB Hannover: F97B1503

Untersuchung des Anlagenverhaltens einer getriebelosen Windkraftanlage im Hinblick auf eine Megawattmaschine
Autoren: Rohden, Rolf/Schneider, Jens-Dieter; Durchführung: Germanischer Lloyd AG, Hamburg; FKZ 0329328A; 1995, getr. Zählung: Ill.; Signatur TIB Hannover: F96B25

Erste Aufbereitung von flächenhaften Windmeßdaten aus Höhen bis 150 m über Grund für ein späteres Archiv „Winddaten aus Sondermessungen" und für weitere wissenschaftlich-technische Auswertungen. Abschlussbericht
Autoren: Günther, Horst/Hennemuth, Barbara; Durchführung: Deutscher Wetterdienst. GF Seeschifffahrt, Hamburg; FKZ 0329372A; 1998, 158 S., Ill.; Signatur TIB Hannover: F99B128, F99B128+a

Entwicklung und Bau einer wirtschaftlichen und leisen 1-MW-Windenergie-Anlage
Durchführung: Enercon GmbH, Aurich; FKZ 0329512A; 1996, 56 S., graph. Darstellungen; Signatur TIB Hannover: F97B775

Untersuchung des Betriebs- und Netzverhaltens bei Netzeinbindung von Windkraftanlagen, deren Einspeiseleistungen den regionalen Energieabfluss übersteigen. Abschlussbericht
Autor: Brugholte, Alwin; Durchführung: Fachhochschule Wilhelmshaven, Institut für technisch-wissenschaftliche Innovation; FKZ 0329607; 1995, 57 S., Ill.; Signatur TIB Hannover: F96B1204

Untersuchung von Netzbeeinträchtigungen durch Windkraftanlagen. Abschlussbericht
Autoren: Möller, Jochen/Köhne, Volker; Durchführung: Windtest Kaiser-Wilhelm-Koog GmbH, Kaiser-Wilhelm-Koog; FKZ 0329625; 1998, 101 S., Ill.

Offshore-Windenergiesysteme. Abschlussbericht
Autor: Diedrichs, Volker; Durchführung: Vulkan Engineering GmbH, Bremen; FKZ 0329645B; 1995, 205 S., Ill.; Signatur TIB Hannover: F96B47, F96B47+a

12 Weiterführende Literatur

Dieses Literaturverzeichnis weist auf deutschsprachige Dokumente zum Thema „Nutzung der Windenergie" hin, die im Buchhandel oder bei den angegebenen Bezugsadressen erhältlich sind. Die Titel können auch in öffentlichen Bibliotheken, Fach- und Universitätsbibliotheken ausgeliehen werden. Das Verzeichnis ist **alphabetisch nach Autoren bzw. Herausgebern** sortiert.

Für ausführliche Literaturzusammenstellungen werden beim Fachinformationszentrum Karlsruhe eine Vielzahl von Datenbanken im energie- und ingenieurwissenschaftlichen Bereich angeboten, z. B.:
- **ENERGY** (ENERGY Information Data Base des U.S. Department of Energy)
- **ENTEC** (Energietechnik) enthält vorwiegend Literaturhinweise aus Deutschland und deutschsprachigen Ländern)

Neben der Möglichkeit, an einem PC mit Online-Anschluss selbst zu recherchieren, kann dem Fachinformationszentrum auch ein Auftrag für Recherchen (einmalige Literaturzusammenstellung zu einem oder mehreren Themen) oder Profildienste (Literaturzusammenstellungen in regelmäßigen Abständen) gegeben werden. Informationen über das Datenbankangebot (Literatur- und Faktendatenbanken), Preise und Konditionen für Recherchen erhalten Sie unter der Telefonnummer 07247/808 333.

12.1 Allgemeine Literatur

Berater-Informationsmappe „Windenergie. Von der Idee bis zur Inbetriebnahme eines Windenergieprojektes"
Herausgeber: Arbeitsgemeinschaft für sparsamen und umweltfreundlichen Energieverbrauch e. V. (ASEW), Köln; 1996, ca. 480 S., DM 250,00 (Preis für Nichtmitglieder); Vertrieb: ASEW, Volksgartenstr. 22, 50677 Köln
Innerhalb der erneuerbaren Energiequellen hat die Nutzung der Windenergie eine wichtige Stellung eingenommen. Zusammen mit Förderprogrammen von Bund und Ländern ist die Nutzung der Windenergie für viele Betreiber attraktiv geworden.
Die Autoren haben sich bemüht, das Thema Windenergie für die Kundenberatung so praxisnah wie möglich aufzubereiten. Außerdem werden Hinweise zur Realisierung eigener Projekte gegeben. Die Arbeitsunterlage soll ein Beitrag sein, im Bereich Windenergienutzung die Kompetenz der Energieversorgungsunternehmen weiter auszubauen.

DEWEK 2000. 5. Deutsche Windenergie-Konferenz. Wilhelmshaven, 7.–8. Juni 2000. Tagungsband

Herausgeber: Deutsches Windenergie-Institut gGmbH (DEWI), Wilhelmshaven; 2000; Vertrieb: Deutsches Windenergie-Institut gGmbH, Ebertstr. 96, 26382 Wilhelmshaven, Tel.: 04421/4808-0, Internet: http://www.dewi.de

Die DEWEK findet alle 2 Jahre statt. Der aktuelle Tagungsband enthält die Beiträge zu den Themen: Technische Entwicklungen; Ertragsprognosen und Kosten; Systeme und Strukturen; Export-Forum; Fatigue und Dynamik; Messung und Leistung; Netzeinbindung; Windvorhersage und Verifizierung; Betriebsergebnisse; Offshore: Potential und Planung sowie Windenergieanlagen-Auslegung ; Zulassungen und Tests. Der Tagungsband wird ca. 3 Monate nach der Tagung bei o.g. Vertriebsadresse erhältlich sein.

Wissenschaftliches Mess- und Evaluierungsprogramms (WMEP) zum Breitentest „250 MW Wind". Jahresauswertung 1998

Autoren: Durstewitz, Michael (Red.)/Enßlin, Cornel (Red.)/Hahn, Berthold (Red.) u.a.; Herausgeber: Institut für Solare Energieversorgungstechnik (ISET), Kassel; 1999, 422 S., DM 30,00 (Schutzgebühr); Vertrieb: ISET, Kassel, Fax: 0561/7294-100, E-Mail: mbox@iset.uni-kassel.de

Der Breitentest „250-MW-Wind" des Bundesministeriums für Bildung, Wissenschaft, Forschung und Technologie (BMBF) wird durch ein wissenschaftliches Mess- und Evaluierungsprogramm (WMEP) begleitet. Mit der Durchführung des WMEP wurde das Institut für Solare Energieversorgungstechnik e. V. (ISET) in Kassel beauftragt. Im Rahmen dieses Programms werden von allen geförderten Windenergieanlagen für einen Zeitraum von 10 Jahren ausgewählte Betriebsdaten und -ergebnisse erfasst und ausgewertet. Der Jahresbericht 1998 liegt in dieser Publikation in englischer und deutscher Sprache vor.

Volkswirtschaftliche Auswirkungen der Stromerzeugung aus Windenergie – Vermiedene luftschadstoff- und klimarelevante Emissionen. Gutachten im Auftrag vom Wirtschaftsverband Windkraftwerke e. V. (WVW) und Verband Deutscher Maschinen- und Anlagenbau e. V. (VDMA). Endbericht

Herausgeber: Fichtner Development Engineering, Stuttgart; Sept. 1997, getr. Zählungen, DM 98,00; Vertrieb: Wirtschaftsverband Windkraftwerke e. V., Leisewitzstr. 37, 30175 Hannover

Fichtner Development Engineering hat im Auftrag des Wirtschaftsverbandes Windkraftwerke e. V. und des Verbandes Deutscher Maschinen- und Anlagenbau e. V. folgende volkswirtschaftlich relevanten Aspekte untersucht: 1. vermiedene Emissionen durch die Windkraftnutzung als Ersatz für konventionelle Energieträger im Hinblick auf Luftschadstoffemissionen wie Schwefeloxyde und Stickoxyde sowie im Hinblick auf klimarelevante Emissionen wie Kohlendioxid und Äquivalente. 2. den möglichen Beitrag der Stromerzeugung aus Windenergie durch CO_2-Reduktion. 3. die vermiedenen externen Kosten der Volkswirtschaft durch die weitere Nutzung der Windkraft. Dabei ergab sich neben dem enormen Beitrag, den die Windenergienutzung im

Bereich der CO_2-Emissionen mit fast einem Viertel des geplanten Reduzierungszieles bei der öffentlichen Stromversorgung leisten kann, dass eine mögliche volkswirtschaftliche Einsparung bei den vermiedenen externen Kosten (Schadstoffkosten der konventionellen Kraftwerke) durch den weiteren Ausbau der Windenergie bereits ohne Betrachtung der Folgen des Treibhauseffektes jährlich mindestens 220 bis 400 Mio. DM ausmachen würde.

Windkraftanlagen. Grundlagen und Entwurf
Herausgeber: Gasch, Robert; Verlag: Stuttgart, Teubner, 1996, 390 S., 3., überarb. u. erw. Aufl., ISBN 3-519-26334-3, DM 64,00
Im einführenden Teil wird die Windenergie aus gesellschaftspolitischer und historisch-konstruktiver Sicht beleuchtet. Die Standortbeurteilung hängt stark von den Windgegebenheiten ab. Der Hauptteil des Buches widmet sich der Technik. Alle technischen Disziplinen werden anspruchsvoll, aber durch viele Abbildungen auch verständlich dargestellt. Außerdem wird die Wirtschaftlichkeit von Windkraftanlagen in volkswirtschaftlichem und betriebswirtschaftlichem Rahmen dargestellt.

Richtlinie für die Zertifizierung von Windkraftanlagen. Kapitel 1–11
Herausgeber: Germanischer Lloyd, Hamburg; Verlag: Hamburg, Selbstverl., 1999, getr. Zählungen; Reihe: Vorschriften und Richtlinien. IV – Nichtmaritime Technik. Teil 1 – Windenergie; DM 80,00 zzgl. MWSt.; Vertrieb: Germanischer Lloyd, Hauptverwaltung, Vorsetzen 32, 20459 Hamburg
Die Richtlinie berücksichtigt den geänderten technischen Kenntnisstand, die Forderung einer weitergehenden Detaillierung und die bisherigen Erfahrungen bei der Zertifizierung von WKA. Die einzelnen Kapitel: 1. Allgemeine Prüfbedingungen; 2. Sicherheitssysteme; 3. Anforderungen an Herstellerbetriebe, Qualitätssicherungen, Werkstoffe und Fertigung; 4. Definition der Lastfälle; 5. Rotorblätter; 6. Maschinenbauliche Komponenten; 7. Elektrische Anlagen; 8. Turm und Gründung; 9. Betriebsanleitung und Wartungshandbuch; 10. Geräuschverhalten; 11. wiederkehrende Prüfung.

Der Wind, das himmlische Kind. Windkraft im Binnenland. Aspekte einer Kontroverse zwischen Naturschutz, Landschaftsästhetik und dem Einsatz regenerativer Energie
Redaktion: Grabe, Herbert; Herausgeber: Bund Naturschutz in Bayern e. V., Wiesenfelden, Bildungswerk; Mai 1995, 148 S.; Reihe: Wiesenfeldener Reihe, H. 14; DM 12,00; Vertrieb: Bund Naturschutz Bayern e. V., Bildungswerk Schloß Wiesenfelden, Postfach 40, 94343 Wiesenfelden
Windkraft wird in seinen unterschiedlichen Facetten zwischen Klimaschutz, Landschaftsästhetik und Naturschutz beleuchtet. Abwägungskriterien wie großräumige Landschaftsschutz- und Fremdenverkehrsgebiete sind für die Standortauswahl von besonderer Bedeutung.

Weiterführende Literatur

Windkraftanlagen. Grundlagen, Technik, Einsatz, Wirtschaftlichkeit
Autor: Hau, Erich; Verlag: Berlin, Springer, 1996, XII, 665 S., zahlr. Ill., 2. Aufl., ISBN 3-540-57430-1, DM 260,00
Seit Erscheinen der ersten Auflage dieses umfassenden Handbuches hat sich die Nutzung der Windenergie – zumindest in einigen Regionen – nahezu dramatisch entwickelt. Der Autor hat bei der Neubearbeitung des Buches neben der Berücksichtigung der neueren technischen Entwicklungen den Schwerpunkt auf die Kapitel gelegt, die den Einsatz und das Umweltverhalten von Windkraftanlagen behandeln. Auch ein Kapitel über das ausschöpfbare Windenergiepotential ist neu hinzugekommen. Das Handbuch stellt insgesamt die Technologie moderner Windkraftanlagen systematisch und umfassend dar.

Windturbines. Fundamentals, technologies, applications, economics
Autor: Hau, Erich; Verlag: Berlin, Springer, 2000, XVIII, 622 S., zahlr. Ill., ISBN 3-570640-0, DM 298,00
Dieses Standardwerk soll im Frühjahr 2000 in englischer Sprache erscheinen.

Windkraftanlagen im Netzbetrieb
Autor: Heier, Siegfried; Verlag: Stuttgart, Teubner, 1996, 396 S., 2., überarb. u. erw. Aufl., ISBN 3-519-16171-0, DM 68,00
In der 2., wesentlich erweiterten Auflage dieses Buches werden für den Entwurf und die Auslegung von Anlagen zahlreiche Hinweise gegeben und Leitlinien aufgezeigt sowie Auslegungsvarianten von Blattverstelleinrichtungen, Generatoren usw. gegeneinander abgegrenzt. Weiterhin werden mit Blick auf die Integrationsfähigkeit und das Systemverhalten wesentliche Anlagendetails herausgearbeitet und Wechselwirkungen der Komponenten aufgezeigt. Kern der Ausführungen sind die Turbine, der Generator sowie die Regelung und die Netzintegration der Anlagen. Die Darstellungen werden abgerundet durch zahlreiche Betriebsergebnisse und Wirtschaftlichkeitsbetrachtungen. Auch die Verträglichkeit von Windkraftanlagen mit der Umwelt wird angesprochen.

Grid integration of wind energy conversion systems
Autor: Heier, Siegfried; Verlag: Chichester, Wiley, 1998, 406 S., Ill., ISBN 0-471-97143-X, £ 75,00
Für die englische Ausgabe wurde das deutschsprachige Original „Windkraftanlagen im Netzbetrieb" überarbeitet und erweitert.

Wind- und Solarstrom im Kraftwerksverbund. Möglichkeiten und Grenzen
Autoren: Kaltschmitt, M./Fischedick, M.; Herausgeber: Universität Stuttgart, Inst. für Energiewirtschaft und Rationelle Energieanwendung (IER), Stuttgart; Verlag: Heidelberg, Müller, 1995, 300 S., ISBN 3-7880-7524-4, DM 62,00

Sollen Wind- und Sonnenenergie im Kraftwerksverbund großtechnisch in einer relevanten Größenordnung genutzt werden, steht das gegenwärtige Stromerzeugungs- und -versorgungssystem vor völlig neuen Anforderungen. Das Buch zeigt die technischen Nutzungsmöglichkeiten, die Potentiale, Kosten, Auswirkungen und Probleme einer Stromerzeugung aus Wind und Sonne auf. Des weiteren wird das gegenwärtige Strombereitstellungssystem diskutiert und mögliche Entwicklungspfade definiert, analysiert und erörtert sowie Hemmnisse und Umsetzungsmöglichkeiten dargestellt. Das Buch wendet sich an energiewirtschaftliche und -politische Entscheidungsträger, Ingenieure und interessierte Laien.

Windenergieanlagen. Nutzung, Akzeptanz und Entsorgung
Autoren: Klemmann, M./van Erp, F./Kehrbaum, R.; Herausgeber: Forschungszentrum Jülich GmbH, Jülich; 1998, 62 S., ISBN 3-89336-224-X; Reihe: Schriften des Forschungszentrums Jülich, Reihe Umwelt. Bd. 10.; DM 29,00; Vertrieb: Forschungszentrum Jülich, Zentralbibliothek, 52425 Jülich, Tel.: 02461/61368, Internet: http://www.kfa-juelich.de/zb/zb.html

Die Windenergienutzung hat durch das Stromeinspeisegesetz von 1990 einen rasanten Aufschwung genommen. So waren Anfang 1998 rund 2,1 GWel an Spitzenleistung installiert. Das technische Potential wird für Deutschland auf ein Vielfaches geschätzt. Obwohl Windenergie als regenerative Energieform ein umweltfreundliches Image und eine breite Akzeptanz hat, ergeben sich doch eine Reihe von energiewirtschaftlichen, ökonomischen und politischen Problemen, die es zu lösen gilt. Hierzu versuchen die drei Programmgruppen des Forschungszentrums Jülich, die interdisziplinär an technisch-gesellschaftlichen Fragestellungen arbeiten, mit dem vorliegenden Buch einen Beitrag zu leisten.

Der Beitrag der Windenergie zur Stromversorgung
Autor: Niedersberg, Joerg; Verlag: Frankfurt, Verl. Peter Lang, 1997, 156 S., ISBN 3-631-30458-7; Reihe: Europäische Hochschulschriften, Reihe 2: Rechtswissenschaft, Bd. 2022.; DM 69,40

Die Nutzung der Windenergie zur Stromerzeugung ist in aller Munde. Obwohl deren Beitrag zur dringend notwendigen Reduzierung des CO_2-Ausstoßes unbestritten ist, mehren sich in letzter Zeit vor allem aus den Reihen der großen Energieversorgungsunternehmen, aber auch in der breiten Öffentlichkeit, kritische Stimmen. Die einen wenden sich gegen die nach ihrer Auffassung zu hohe Einspeisungsvergütung und halten das der Vergütung zugrunde liegende Stromeinspeisungsgesetz von 1990 für verfassungswidrig. Die anderen befürchten durch eine weitere Zunahme von Windenergieanlagen eine „Verspargelung" der Landschaft. Die Nachbarn von geplanten Windenergieanlagen befürchten vor allem Geräuschimmissionen und Lichteffekte, den sogenannten Disco-Flackereffekt. In dieser Diskussion fühlt sich dann – verständlicherweise – der potentielle Betreiber von Windenergieanlagen – nämlich der Landwirt – oftmals hilflos bei der Frage, ob er eine oder mehrere Windenergieanlagen errichten soll. Zu den verschiedenen rechtlichen Fragen nimmt der Fachanwalt für Verwaltungsrecht Jörg Niedersberg in seiner Disser-

tation Stellung, die nun als Buch vorliegt. Zu den Tätigkeitsschwerpunkten von Jörg Niedersberg gehört das Energierecht, insbesondere die Rechtslage der alternativen Energien.

Windenergienutzung im Binnenland. Drittes Anwenderforum. Kassel, 15.–16. Okt. 1998
Herausgeber: Ostbayerisches Technologie Transfer Institut e. V. (OTTI), Regensburg; 1998, 160 S., Ill., DM 74,90; Vertrieb: OTTI Technologie-Kolleg, Wernerwerkstr. 4, 93049 Regensburg, Fax: 0941/ 2 96 88 19, Internet: http://www.otti.de
Ziel des Dritten Anwenderforums ist es, die besonderen Aspekte des Betriebs von Windenergieanlagen im Binnenland zu behandeln, um auch damit den fortschreitenden Trend zur Errichtung neuer Windprojekte im Binnenland zu fördern. Die anwendungsbezogene Tagung richtet sich in erster Linie an potentielle Anlagenbetreiber, Hersteller, Planer, Genehmigungsbehörden, Förderinstanzen und Energieversorgungsunternehmen. Themenschwerpunkte: Betreibererfahrungen und Zuverlässigkeit von Windkraftanlagen; Genehmigung von Windkraftprojekten; Akzeptanz von Windkraftanlagen; Netzzugang; Nutzung der Windenergie aus Sicht der Hersteller. Das vierte Anwenderforum findet voraussichtlich im Oktober 2000 statt. Auch hierzu wird ein Tagungsband beim OTTI erhältlich sein.

Kleine Windkraftanlagen. Technik, Erfahrungen, Meßergebnisse
Autor: Schulz, Heinz; Verlag: Ökobuch, 1998, 110 S., zahlr. Ill., 4. unveränderte Aufl., ISBN 3-922964-31-1, DM 24,80
Ein detaillierter Überblick über käufliche Windkraftanlagen bis 1 kW Leistung zur Stromerzeugung und zum Wasserpumpen, mit Betriebserfahrungen, Leistungsdaten und Preisen. Ein gelungenes Buch für alle, die sich nach einer Windkraftanlage umschauen, aber ebenso für solche, die schon eine besitzen.

Adressbuch der Windenergie. Directory of German Wind Energy. 1998
Herausgeber: Strunk-Stückmann, Christiane; Deutsches Windenergie-Institut gGmbH (DEWI), Wilhelmshaven; 1998, 608 S., 3., aktualisierte Aufl., DM 35,00; Vertrieb: Deutsches Windenergie-Institut gGmbH, Ebertstr. 96, 26382 Wilhelmshaven, Tel.: 04421/4808-0, Internet: http://www.dewi.de
Das bereits in der 3. aktualisierten Auflage erschienene Adressbuch enthält erstmals auch englische Firmenprofile. Deshalb bietet dieses Handbuch nun auch für ausländische Leser einen qualifizierten Überblick über die ganze Bandbreite der deutschen Windenergiebranche.

Optimierung der Leistungsverfügbarkeit von Windenergie durch ihre Integration in Wind-Biogas-Hybridanlagen
Autor: Surkow, Rainer; Herausgeber: Institut für Meteorologie, Leipzig; 1999, 126 S., Ill., ISBN

3-9806117-3-6; Reihe: Wissenschaftliche Mitteilungen aus dem Institut für Meteorologie der Universität Leipzig und dem Institut für Troposphärenforschung e. V. Leipzig. Bd. 11.; DM 40,00

Winddaten für Windenergienutzer: Wind und Windenergiepotentiale in Deutschland.
Atlasdateien und Häufigkeitsverteilungen (Diskette)
Autoren: Traup, Stephan/Kruse, Burkhard; Herausgeber: Deutscher Wetterdienst, Offenbach, Main; 1996, 445 S., zahlr. graph. Darstellungen (1 Karte), Medienkombination: (Buch und HD-Diskette), ISBN 3-88148-322-5, DM 380,00 zzgl. Porto- und Versandkostenpauschale; Vertrieb: Deutscher Wetterdienst (DWD), Frankfurter Str. 135, 63067 Offenbach

12.2 Marktübersichten

Windkraftanlagen Markt. Typen – Technik – Preise. Wind Turbine Market. Types – technical characteristics – prices
Redaktion: Johnsen, Björn/Buddensiek, Volker; Herausgeber: SunMedia GmbH, Hannover; 2000, 71 S., ISBN 3-9806177-2-6, DM 40,00; Vertrieb: SunMedia GmbH, Querstr. 31, 30519 Hannover

Dieser Sonderdruck umfasst über 200 Turbinen. Anlagen zwischen 200 und 2000 kW werden vorgestellt. Im Hauptteil werden nur bereits errichtete Anlagen aufgeführt. In der Rubrik „Angekündigte Prototypen" werden angekündigte Turbinen genannt. Im Preisteil werden nur die Anlagen aufgeführt, bei denen die Hersteller die Preise genannt haben. Den Vergleichsteil der typengeprüften und vermessenen WKA führte das Ingenieurbüro Gnoss durch. Im Anzeigenteil sind aufgeführt: Komponentenhersteller, Zulieferbetriebe, Beteiligungsgesellschaften, Ingenieur- und Planungsbüros sowie anerkannte Zertifizierungs-/Messstellen und technische Sachverständige.

Windenergie 2000. Marktübersicht deutsch – englisch
Redaktion: Neddermann, Bernd/Eilers, Eckhard; Herausgeber: Bundesverband Wind Energie e. V., Osnabrück; März 2000, 192 S., 11. Ausg., ISBN 3-9806657-2-0, DM 30,00; Vertrieb: Bundesverband Wind Energie e. V., Herrenteichstr. 1, 49074 Osnabrück

Die Neuauflage der Marktübersicht „Windenergie 2000" bietet wiederum als Schwerpunkt einen aktuellen Überblick zu den in Deutschland angebotenen Windenergieanlagen. Die Marktübersicht bietet einen Überblick über mehr als hundert Windenergieanlagen von 0.025 kW bis 2.500 kW mit detaillierten Beschreibungen der neuen Anlagen der Megawatt-Klasse, der bewährten 500/660-kW-Klasse und der zahlreichen kleinen Windenergieanlagen mit einer Leistung bis 30 kW. Außerdem werden die Betriebsergebnisse des Jahres 1999 von über 2.500 Windenergieanlagen in Deutschland aufgelistet. Zusätzlich gibt es Fachbeiträge und weitere Informationen zu den Themen Ökologie und Ökonomie, Technik und Genehmigung, rechtliche Rahmenbedingung: das „Erneuerbare-Energien-Gesetz", Überblick zu den großen Windparks in den Bundesländern, sowie Literatur- und Adressenhinweise.

12.3 Hinweise auf Datenbanken

Eurowin
Hersteller: Fraunhofer-Institut für solare Energiesysteme (ISE), Freiburg; Vertrieb: Fraunhofer-Institut für Solare Energiesysteme, Herr Hans-Peter Klein, Oltmannsstr. 22, 79100 Freiburg, Tel.: 0761/4588-0
Die Datenbank enthält alle technisch relevanten Daten von mehr als 3.500 Windturbinen wie z. B. sämtliche technische Angaben der Hersteller als auch die Betriebsergebnisse laufender Anlagen ab 1986. Darauf aufbauend werden laufend Datenanalysen durchgeführt, die neben rein technischen Vergleichen auch Ergebnisse bezüglich der Wirtschaftlichkeit von Windturbinen liefern. Bei Anfragen zur Nutzung können Interessenten sich an oben angegebene Adresse wenden.

Windenergie-Informationssystem WISY
Hersteller: Institut für Solare Energieversorgungstechnik e. V. (ISET), Kassel; Vertrieb: Institut für Solare Energieversorgungstechnik, Königstor 59, 34119 Kassel, Tel.: 0561/7294-0
Das WISY ermöglicht einen schnellen Zugriff auf aktuelle Daten des WMEP (Wissenschaftliches Mess- und Evaluierungsprogramm zum Breitentest 250 MW Wind). Die Datenbank enthält Tages-, Monats- und Jahresstatistiken der Logbuch- und Messdaten sowie hochaufgelöste Zeitreihen der Fernmessnetzdaten WKA-Wirkleistung, Windgeschwindigkeit und Windrichtung. Bei Anfragen zur Nutzung können Interessenten sich an oben genannte Adresse wenden.

12.4 Veröffentlichungen des Informationsdienstes BINE

Förderfibel Energie. Öffentliche Finanzhilfen für den Einsatz erneuerbarer Energiequellen und die rationelle Energieverwendung
Herausgeber: Fachinformationszentrum Karlsruhe Gesellschaft für wissenschaftlich-technische Information mbH, Büro Bonn; Verlag: Köln, Verlag Deutscher Wirtschaftsdienst, 1999, 267 S., 6., aktualisierte u. erw. Aufl., ISBN 3-87156-239-4, DM 36,80
Das Buch informiert über alle wichtigen öffentlichen Förderprogramme für Energieeinsparmaßnahmen und den Einsatz erneuerbarer Energien. Die Programme von Bund, Ländern, Gemeinden und Energieversorgungsunternehmen werden aufgelistet und die EU-Förderprogramme im Energiebereich, die jeweiligen Ansprechpartner für die Förderhilfen, die Antragsverfahren und die Besonderheiten sowie die genauen Konditionen der einzelnen Förderprogramme ange-

Veröffentlichungen des Informationsdienstes BINE

geben. *Der Inhalt der Förderfibel ist auch als CD-ROM „FISKUS" beim Informationsdienst BINE erhältlich zum Preis DM 149,00 inkl. MwSt. und Versandkosten.*

Marktführer Energie. Adreßhandbuch für Erneuerbare Energiequellen, rationelle Energieverwendung. Unternehmen, Bezugsquellen, Forschung, Beratung
Herausgeber: Fachinformationszentrum Karlsruhe Gesellschaft für wissenchaftlich-technische Information mbH, Büro Bonn; Verlag: Printversion: Heidelberg, Müller, 1998, 532 S., 4., völlig überarb. Aufl., ISBN 3-7880-7620-8, DM 49,00; Verlag: CD-ROM-Version: Heidelberg, Müller, Okt. 1999, CD-ROM, 2., aktualisierte Aufl., ISBN 3-7880-7675-5, DM 188,00
Der Marktführer Energie enthält in der Print-Version über 2.300 Adresseinträge (bzw. 2.600 in der CD-ROM-Version) von Firmen und Institutionen, die im Bereich Erneuerbare Energiequellen und Rationelle Energieverwendung tätig sind: Hersteller, Planer, Beratungs- und Forschungsinstitutionen sowie Aus- und Weiterbildungseinrichtungen. Jeder Eintrag enthält die Adresse, den Ansprechpartner, eine kurze Selbstbeschreibung sowie fachliche Schlagworte. Bei der CD-ROM-Version können Sie wahlweise mit einer Suchmaske im Basic Index (globale Suche) oder mit einer Experten Suchmaske feldspezifisch Ihre persönliche Adressauswahl für ein individuelles Verzeichnis zusammenstellen. Die Treffer lassen sich ausdrucken und auch in andere Dateiformate (z. B. RTF, HTML) exportieren. Die Datenbank kann ohne Vorkenntnisse auf jedem PC installiert werden, der mindestens über 8 MB RAM, WINDOWS 3.x™ (oder: WINDOWS 95, WINDOWS NT), CD-ROM-4-fach-Speed und einen Bildschirm mit mindestens 800 × 600 Pixel Auflösung verfügt.

13 Autorenangaben

Dr. Siegfried Heier
Dr. Heier ist stellvertretender Institutsleiter und Leiter des Bereichs Windenergie. Er beschäftigt sich seit über 20 Jahren mit der Windenergie, ist Initiator und Leiter mehrerer Forschungsvorhaben auf diesem Gebiet und hat mehr als 50 Fachaufsätze über Generatorensysteme, Regelung und Netzintegration von Windkraftanlagen etc. publiziert. Er ist auch Verfasser des Standardwerks „Windkraftanlagen im Netzbetrieb" (B. G. Teubner) in deutscher sowie „Grid Integration of Wind Energy Conversion Systems" (John Wiley) in englischer Sprache.

Anschrift:
Universität Gesamthochschule Kassel
Institut für Elektrische Energietechnik
Wilhelmshöher Allee 73
D-34121 Kassel

Notizen

Notizen